ARCHITECTS INSIGHT

ARCHITECTS INSIGHT

성 동 문 화 복 지 센 터

설계 프로세스에서
발견한
건축의 통찰력

사단법인 대한건축학회

에스콰이아

성수문화복지회관

FOREWORD

Architects Insight 시리즈는 우수한 건축물을 발굴하여 건축 작품에 대한 건축가의 생각과 건축 전문가들의 크리틱을 종합적으로 담아 건축가의 건축적 철학, 건축계획의 전문성 그리고 건축설계 디자인의 우수성을 소개하는 목적으로 시작되었습니다.

Architects Insight 시리즈 1집은 주택(도천 라일락집 - 정재헌 건축가), 2집은 도서관(구산동 도서관마을 - 최재원 건축가), 3집은 기숙사(대전대학교 하모니홀 - 조민석 건축가)를 주제로 다루었으며 Architects Insight 시리즈 4번째 책은 공공건축물을 주제로 한 장윤규 건축가의 성동문화복지센터를 선정하였습니다.

성동문화복지센터는 성수동 공장지대의 한 가운데 위치한 대지에 단순히 공공서비스를 제공하는 관공서를 세우는 일차원적인 건축적 접근이 아니라, 다양한 프로그램이 얽혀 섞여 파생되는 도시의 속성 그리고 도시구조와 도시프로그램의 재해석을 통한 다차원적인 건축적 접근으로 계획된 공공건축물입니다.

도시의 쇠퇴에서 재생으로 역동적인 도시변화를 이끌어 가는 매개체의 역할을 하는 공공건축물이 어떠한 모습으로 세워져야 하는지? 또한 도시와 사회를 바꾸는 역할자로서의 씨앗과 같은 건축이 도시와 어떠한 관계를 구축하며 세워져야 하는지? 이 물음에 대한 해답을 장윤규 건축가의 성동문화복지센터의 설계 프로세스에서 찾을 수 있습니다. 이 작품은 대지 안에서만 건축을 생각하는 것이 아니라, 대지 안의 건축과 대지 밖의 건축을 찾아 건축과 도시의 관계를 수립하고 이를 설계에 접목하는 건축가의 역량과 의도를 잘 보여주는 사례라고 생각합니다.

Architects Insight 시리즈의 저자들은 우수한 건축물을 앞으로 더 발굴하여 객관적인 시각에서 건축 프로세스의 해석을 담아 건축가의 역량과 의도를 대중들에게 보여주고자 합니다. 이를 통해 건축설계 교육현장과 산업현장 건축실무의 간극을 좁히며 건축문화 발전에 기여하고자 합니다.

2022년 08월

대한건축학회 출판부 부위원장 | 순천향대학교 교수 박종기

P

CONTENTS

SITE

도시재생을 위한 씨앗

도시는 언제나 도시재생의 개념을 필요로 한다. 구도시 개발 전략으로 많이 이용되어 온 도시재생은 도시에 새로운 프로그램과 물리적 환경을 제공하여, 도시환경은 물론이고 나아가 산업과 경제, 문화의 재활과 부흥까지도 꾀하는 개념이다. 새로운 건물을 짓고 도로를 정비하는 등의 단순한 미적 활동을 넘어서, 도시를 바꿀 수 있는 새로운 체계를 만들어낼 수 있어야 하는 이유다. 오늘날 이러한 도시재생은 시민의 삶의 질을 높이는 거버넌스적 커뮤니티와 문화활동 공간을 조성하는 방향으로 이뤄지고 있다.
성동문화복지센터가 지어지는 사이트는 성수동 공장지대의 한가운데로 도시재생이 필요한 장소라 볼 수 있다. 설계를 하던 당시 사이트 주변은 낙후 빌라 등의 주거환경, 창고 및 공장시설 등으로 열악한 도시환경을 형성하고 있었다.

성동문화복지센터는 단순히 관공서를 만든다는 개념이 아니고 열악한 도시환경에 새롭게 등장하는 문화복지시설의 역할을 담당하는 거버넌스의 개념을 수행한다는 점이 중요한 이슈가 된다. 성수동 공장지대에 가장 열악한 중심에 복지센터를 구성하고, 이 문화복지센터는 도시를 바꾸는 헤드쿼터와 같은 역할을 수행한다. 관공서의 기능이 행정 위주의 역할이라면 거버넌스의 개념의 건축은 도시와 사회를 바꾸는 역할자로서의 씨앗과 같다. 성동문화복지센터도 공장지대의 주민들의 삶을 도와주고 재정비해주는 역할을 수행한다. 건축을 통해서 도시와 사회를 바꿀 수 있다는 전제에서 출발한다는 점이 흥미로우며, 빌바오 구겐하임, 그라츠 쿤스트하우스, 런던의 테이트모던, 라반센터, 알솜의 그리니치 지역 도서관 등이 그 예라 할 수 있다. 빈민 지역에 씨앗처럼 뿌려져 주변 사회를 바꾸는 성공적인 건축 장치로 작용하였다.

도시재생의 장치

도시는 폐허화에 의해 버려지고 오염된 것들을 다시 새롭게 변화시키는 도시재생의 개념이 요구된다. 현재의 도시재생의 개념은 신도시 개발과 신시가지 개발의 전략으로 많이 사용되었다. 쇠퇴하는 기존의 도시에 새로운 프로그램과 물리적 건축환경을 제공하여, 도시환경, 산업, 경제, 문화 등의 재활성과 부흥을 만들어 나가는 것을 의미한다. 단순히 건축에 의해서 도달되는 미적인 조작보다는 새로운 환경의 변환을 유도하는 새로운 순환체계를 구성함을 요구한다.

공공광장으로서의 건축

폐쇄적이고 거리감을 주었던 관공서의 개념을 탈피한 건축을 제안한다. 문화를 수용하는 다양한 요소, 새미, 김동의 프로그램을 계획하여 변화하는 열려진 입체 광장으로서의 문화복지센터를 제안한다.

변화하는 시민들의 문화와 복지를 동시에 수용하는 열려진 건축의 장이 된다. 시민이 즐겨찾고, 복지에 대한 혜택을 입을 수 있는 메인 공간이며 친숙한 공간으로서의 열려진 공공의 건축을 구성한다. 복지적, 문화적, 정보적 이벤트를 만들어내는 시민활동의 중심지를 개척한다.

사근동
한양대학교
한양대역
행당역
무학여고
송정동
군자동
응봉동
응봉역
응봉산
세종대학교
성수1가2동
성동세무서
어린이대공원역
뚝섬역
site
성수2가3동
성수역
경일고교
화양동
건국대학교
성수1가1동
성수공고
건대입구역
성수대교
성수2가1동
자양고교
자양4동

동호대교
성수대교
수인·분당선
서울숲역
동아아파트
성수1가1동
경일고
성수1가2동
site
한양현대아파트
뚝섬역
2 뚝섬역

INSIGHT

정재용

성동문화복지센터는 열악한 공업지역 내에 거주하는 주민들을 위한 행정복지 서비스를 제공하는 목적으로 건축되었다. 이 건물은 대지의 형태와 도로의 방향에 맞추어 배치되었는데, 60% 이내의 건폐율로 개발됨으로써 외부공간이 지상에 비해 매우 부족한 편이다. 그러나 이것은 나쁘다고 생각하지 않는다. 일반적으로 블록의 형태와 도시조직을 유지하기 위해서는 건물이 주요 도로변으로 배치하는 것이 좋은 도시 입지 방법이라고 할 수 있다. 주변의 건축물들이 이러한 도시조직을 존중하여 배치된다면 기존 도시 공간감을 유지하고 향상시킬 수 있다고 여겨진다.

대신 이 대지에서 부족한 외부공간과 관계성 형성은 남동쪽에 있는 메인 계단에서 형성된다고 생각한다. 이 건물에서 저층부 1~3층의 접근은 외부 계단으로 직접 이루어질 수 있도록 했다. 그리고 각층마다 방문자들이 앉아서 쉴 수 있는 장소를 제공하였다. 넓지는 않지만 이러한 '광장'들은 지면에 부족한 휴식공간을 대신한다. 이 방법은 외부인의 접근성을 높이고, 사회와의 관계성을 높여주는 것이다. 내부의 프로그램이 외부로 직접 연결되므로 건물의 외부 계단에서 활력 넘치는 활동을 추구한다는 개념을 가지고 왔다. 이러한 액티비티가 도시재생에 힘이 된다. 저층부에 계단부를 외부로 노출시키고 외벽으로 가리지 않았다는 것이 장윤규 건축사의 수직도시구조 개념을 잘 보여주고 있다. 3차원적 이동, 활동 그리고 조망 등이 이 건물을 지역의 명소로 만들 것이다. 계단은 이동의 수단이 아니라 자연발생적인 활동의 장이 되면서 커뮤니티의 중심이 되는 것이다. 즉, 내부의 프로그램뿐만 아니라 사람이 자연스럽게 모이는 장소로 발전해야 도시재생의 씨앗이 되는 것이다.

아쉽다고 생각되는 것은 이러한 수직 이동 공간에 조금만 더 여유가 있었더라면 좋았을 걸. 그리고 1층 계단 초입부에 광장이 있었더라면 더 자연스러운 모임을 주도하지 않았을까 상상해 본다. 건축 설계에 있어서 내부의 프로그램과 연계한 공간 확보가 중요한 현시대에서, 도시에 할애하는 여유가 있으면 더 공공성을 확보했을 것이다.

PROGRAM

복합화된 프로그램의 사이

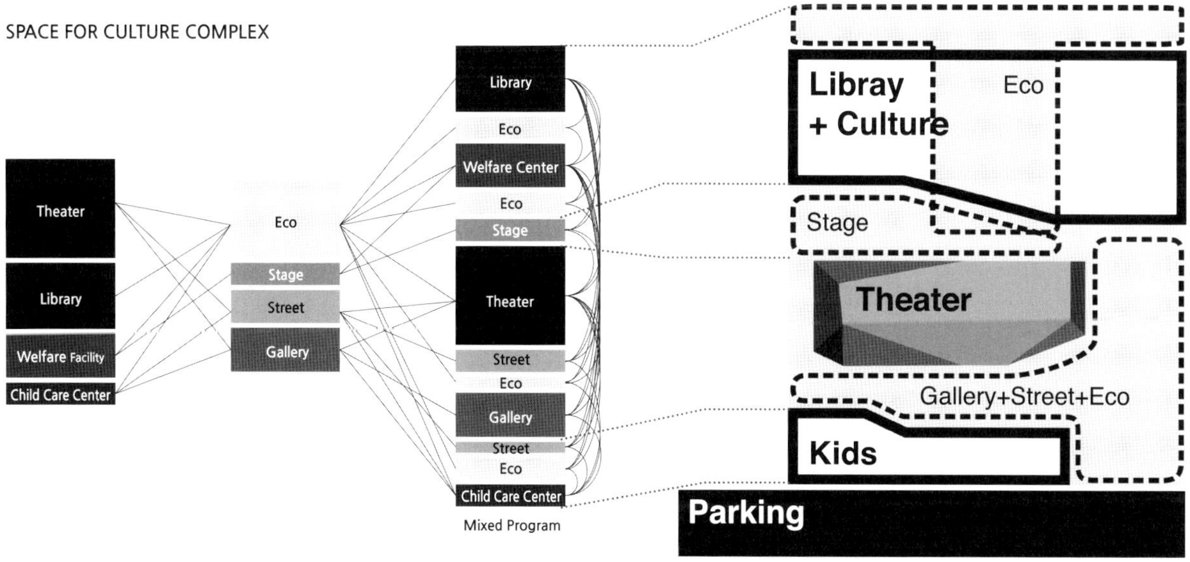

도시는 하나의 프로그램으로 완결되지 않는다. 건축은 고정된 프로그램이 아니라 다양한 결합을 통해서 새로운 건축 유형을 만들어 내기도 한다. 다양한 프로그램의 결합은 다양체의 구조이며 다양한 분야들이 상호 작용하며 사회 문화적 구조를 형성하고 있는 통섭의 사회를 대변하기도 한다. 다양한 프로그램을 결합하기 위해서는 다양한 결합 장치가 요구된다. 거대한 상자와 같은 시스템적인 틀 안에 다양한 프로그램을 도시적 구조와 연관시켜 환경적으로 담아내는 새로운 공간구조를 제안하려 하였다. 또한 활성화되고 친밀화된 커뮤니티적 기능을 입체 도시 스트리트 개념을 개입시켜 도시문화 복합체를 구성하려 하였다. 도시 길의 구조가 다양한 프로그램을 연속적으로 수용하듯이, 수직적으로 연속되는 길은 도시에서 일어나는 다양한 프로그램을 연결하는 장치로 작용한다. 성동문화복지센터는 도시적 길을 따라 저층부 재활센터가 직접적으로 도시의 그라운드 레벨에서 접근되며, 2층 레벨의 공연장을 위한 로비 영역이자 건물의 라운지 장소는 메인 계단 스트리트를 통하여 연결된다. 계단 스트리트는 연속적으로 상부 레벨로 진행되며 공연장 진입 레벨과 연결된다. 여기에서 그치는 것이 아니라 도서관 레벨까지 입체적인 외부 산책로를 이룬다.

복합문화공간

공공청사로서 복합문화센터는 문화 기능과 도시 커뮤니티 기능이 서로 어우러지며 복합된 새로운 도시를 만들어야 하며, 또한 도시를 바꾸는 촉매제로서의 역할도 수용해 내어야 한다. 기존의 사이트 개발이라는 경계를 넘어서서, 기본적인 프로그램 수용 외에 삶과 문화를 풍요롭게 만들 수 있는 다양한 프로그램을 제공하여야 한다. 보다 적극적인 지역주민의 요구를 실현할 수 있는 살아있는 복합문화 프로그램을 구축한다.

문화의 거리 프로그램

건물 속 산책로에서 만나는 문화의 거리와 입체적인 풍경
건축물 외곽에 조성된 거리는 각 프로그램을 자연스럽게 연결하며, 내부에서 외부로, 외부에서 내부로 전환되는 입체적인 문화의 거리가 된다.
1층의 문화갤러리 로비 / 1층의 오픈 스퀘어 광장 / 2층의 공연장 문화갤러리 / 3층과 4층에 조성된 조경과 휴게공간은 복합문화거리의 다양한 이야기 소재를 제공한다.

Seongsu
art hall

구도심지의 재활성화를 위한 도시재생은 현대건축에 있어 커다란 화두이다. 이러한 패러다임의 변화는 건축디자인에 있어서도 점 개념의 건물이 아닌 면과 공간 개념으로서의 건축, 즉 도시건축을 들여다보게 한다.

기존 점 개념의 건축프로그램은 건물의 용도를 위해 필요한 기능으로서 인식됨에 따라 효율적 적층과 조닝적 구성을 위한 대상이었다면, 도시건축에서의 건축프로그램은 계획 대상 지역의 맥락적 소통과 연결 속에 결정되는 매개적 역할을 가지고 있어야 하며, 더 나아가 경우에 따라서는 건축디자인의 주요한 결정인자로 작용하기도 한다.

성동문화복지센터의 경우 역시 건축프로그램은 전체적 건축디자인에 있어 주요한 결정인자로 작용하고 있다. 기존 성수동 공장지역에 자리잡은 성동문화복지센터를 구성하는 건축프로그램은 단순히 공공청사로서의 복합문화센터라는 용도만을 위한 것이 아닌, 기존 지역적 맥락을 연결하는 결합장치로서의 매개적 역할을 수행하기 위한 것이라 하겠다.

실제로 성동문화복지센터를 구성하는 프로그램은 두 가지 성격으로 분류될 수 있다. 하나는 복지문화센터라는 건축물의 용도를 규정하는 기능적 프로그램(물질적)이며, 다른 하나는 공공청사로서 미래적 변화를 위한 공공성을 담은 매개적 프로그램(비물질적)이다. 그리고 건축가는 이 둘의 조합을 통해 새롭게 나타나는 파생적 프로그램들을 통한 도시환경의 현상학적 측면인 자생적 변화라는 새로운 거버넌스 개념을 담고자 하였다.

성동문화복지센터를 살펴보면 기능적 프로그램을 담고 있는 공간들은 명확히 구획되어져 있음에도 불구하고 경계는 사라진 상태이며, 그 경계는 상호 간의 침투를 통해 모호해졌다고 볼 수 있다.

우리가 성동문화복지센터를 돌아다니다 보면, 건물 내부공간을 이동하고 있다기보다는 도시의 가로를 배회하고 있다는 착각이 든다. 마치 우리가 도시에서 명확한 경계를 가진 연속된 건물들을 연결한 도시 가로를 걸으면서 자연스럽게 접하게 되는 상점, 카페, 미술관, 공원, 광장 등 다양한 도시적 풍경들을 마주하는 것 같다. 이러한 면에서 성동문화복지센터는 단순히 건축공간의 구축이라기보다는 건축에 도시공간이 스며든 방식의 구현으로 이해할 수 있다.

서울숲
동아
11
성수문화복지회관

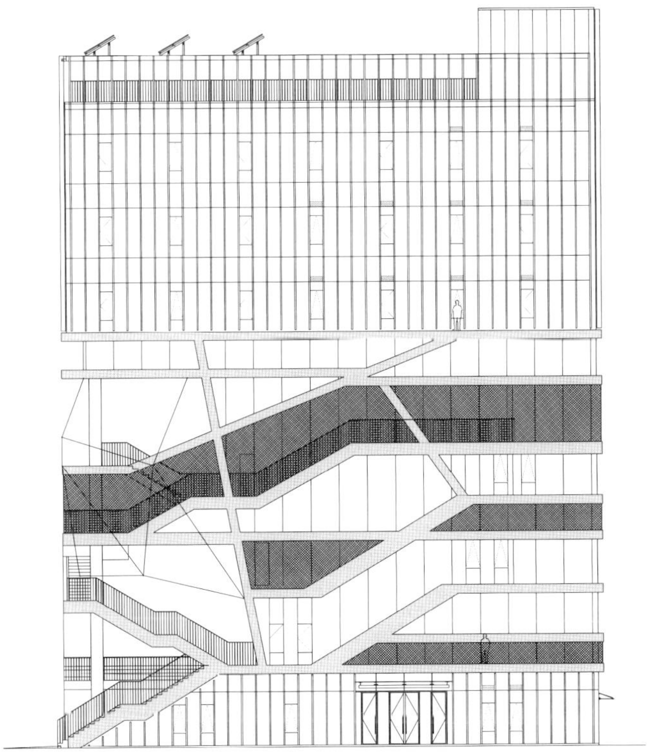

ELEVATION (EAST) A3:1/200

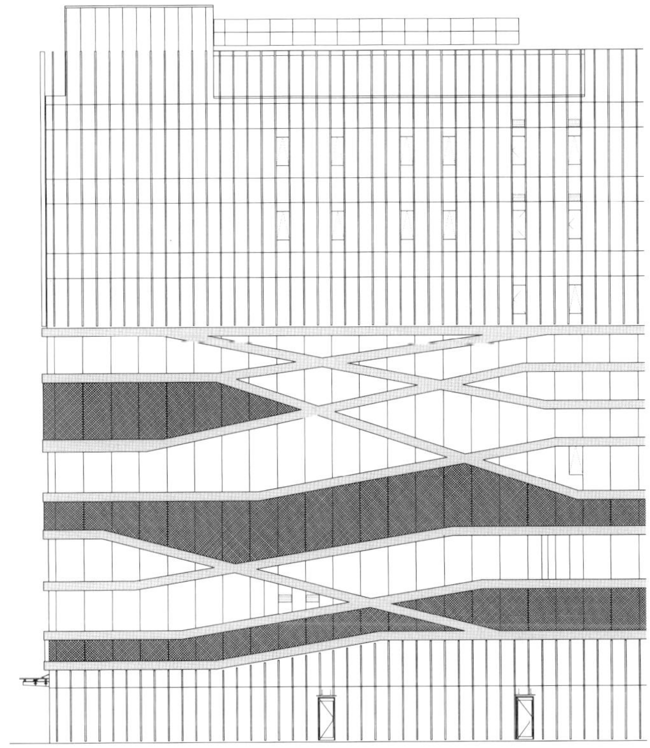

ELEVATION (NORTH) A3:1/200

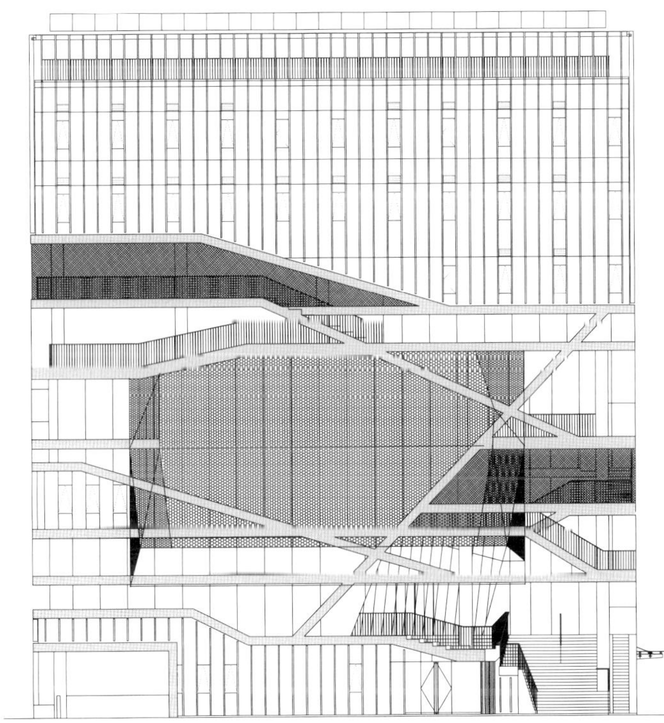

ELEVATION (SOUTH) A3:1/200

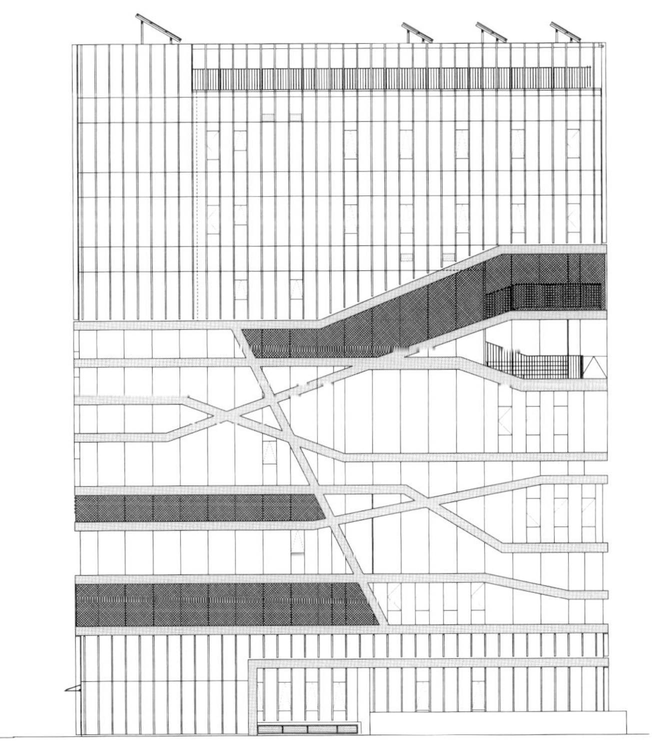

ELEVATION (WEST) A3:1/200

CONCEPT

도시구조로서의 건축

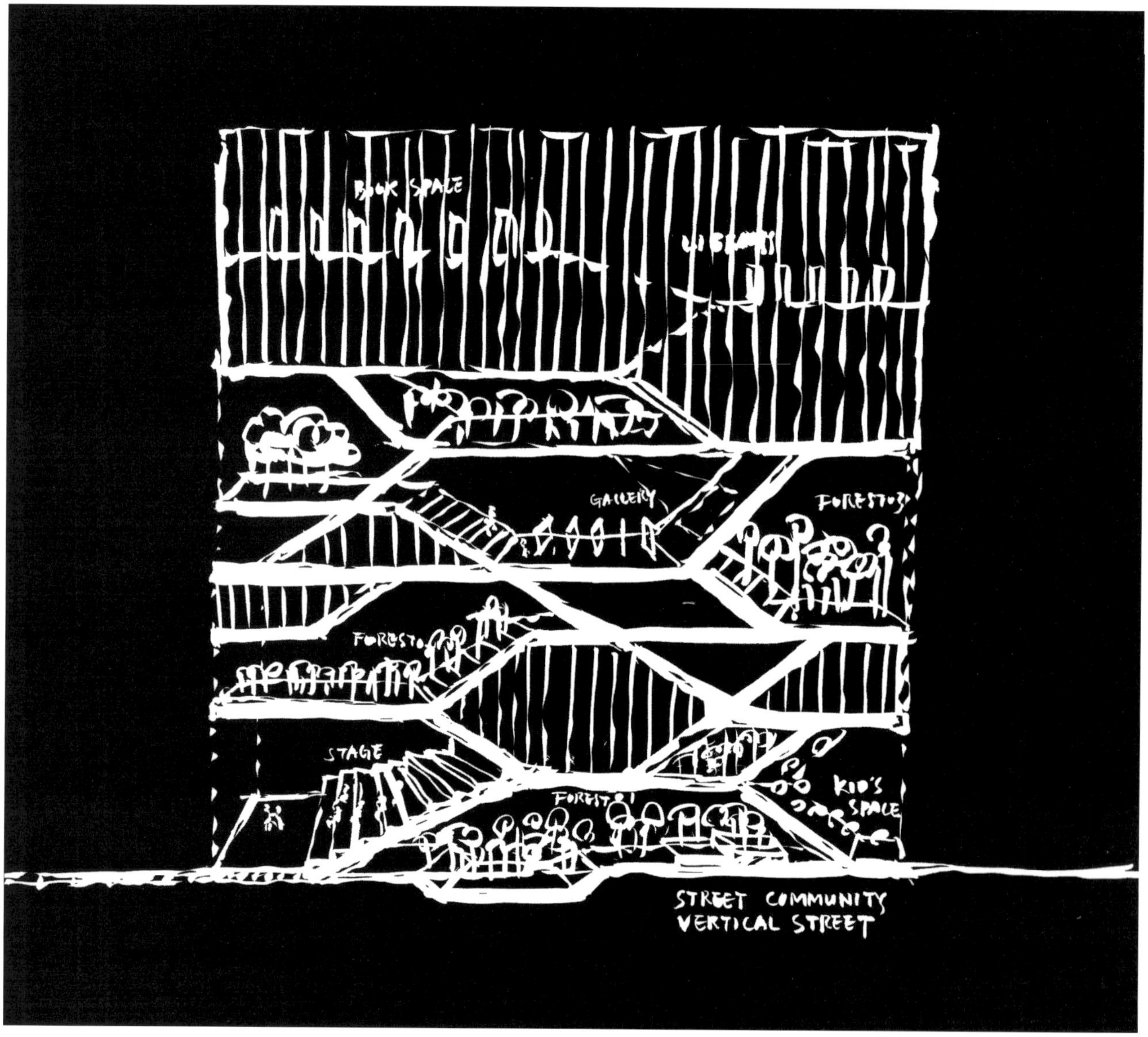

공공청사로서의 복합문화센터는 주민 모두를 위해 끝없이 오픈된 장소일 때 무한한 성장과 변화의 가능성을 품을 수 있다. 도시의 길과 광장을 담아내는 열려진 커뮤니티 역할을 지상부에 적용한다. 이는 요즘 더욱 중요시 되는 공공기능 중 편의적 커뮤니티 공간을 사람들의 일상과 관통하는 도시구조와 접목시켜 구성하는 방식이다. 도시구조 속에서 자연스럽게 찾아가고 즐기는 열린 구조를 획득한다. 입체적인 동선을 구성하는 공간만을 제공하는 것이 아니라, 시민에게 열려진 다양한 이벤트 장소를 유도한다.

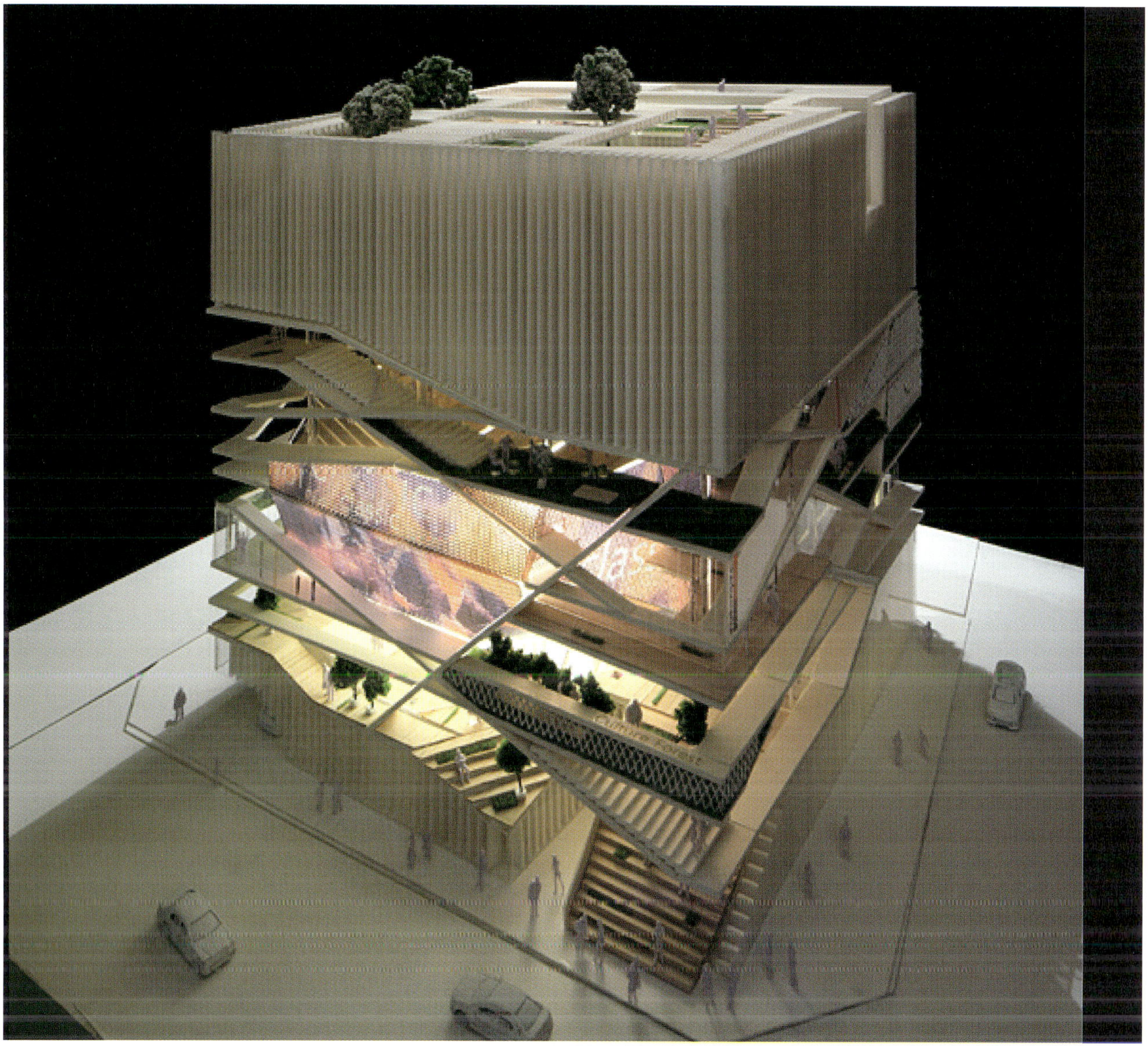

도시와 문화적 시설을 연결하는 네트워크 광장으로서의 역할을 부여한다. 또한 다양한 방면에서 보행자의 진입과 연결을 가능케 하는 도시구조 네트워크를 구획한다. 이를 통해 옥외 전시공간, 자연공원, 산책로 등과 연계된 자연적인 네트워크를 도모한다. 대지적이고 랜드스케이프적인 입체 보행 환경을 조성하여 자연 휴식장소와 옥외 전시공간의 역할을 수행한다. 문화를 위한 정보-교육-체험 등 시민들 간의 상호교류와 이해를 돕는 네트워크 시스템을 개발한다.

도시구조로서의 건축

수평적 거리와 광장을 적극 수용하여 건물 내부에서 수직적, 수평적, 3차원적 광장을 제공하는 도시구조를 집약하는 건축을 채택한다. 다양한 요소, 재미, 감동 등의 프로그램을 제안하여 살아있는 복지문화센터를 만든다. 움직이는 동선 장치들, 무브먼트 콘텐츠, 문화 콘텐츠는 새로운 시민의 요구를 적극 반영하여, 항상 실험적이며 미래적인 변화를 만들어갈 것을 약속한다. 도시구조 속에서 건축물이 만들어 내는 구조뿐만 아니라 도시에 필요한 친환경적인 요소들을 함께 포함시켜 정서적 안정과 풍요로움을 함께 달성하는 장치로 작용한다.

도시산책로

다층적 순환체 개념을 지닌 끝없이 이어지는 산책로의 건축을 달성한다. 하나의 루트를 대지에서 흔들어 경계를 확장하고 소멸시키는 새로운 대지적 연결체를 구성한다. 멀티 루트의 각각의 부분은 랜드스케이프와 이벤트 프로그램, 건축적 기능, 주변과의 연관성에 의해서 다른 역할로 분류된다. 랜드스케이프적 루트는 자연과 함께 시민의 다양한 산책적 프로그램을 수용하며, 끊임없는 순환과 교차 속에서 건축과 풍경의 경계를 넘나든다.

열린 스테이지

성동의 복합문화공간은 주민을 위한 열린 무대와 같은 영역이 되어야 한다. 내부적 공연장이 아닌 열린 스테이지 공간이 되어, 야외공연, 전시 및 휴게 등의 다양한 이벤트를 수용할 수 있는 복합적인 용도의 외부공간적 건축을 만들어낸다. 자연, 사람, 프로그램, 그리고 휴식과 전망대의 역할을 하는 열린 스테이지는 성동의 문화 허브공간이 될 것이다.

"도시재생을 위한 씨앗", "복합화된 프로그램의 사이", "도시구조로서의 건축", "클립시티" ,"도시연결체", "도시적 병합" 등 건축과 도시를 바라보는 건축가의 언어(Concept)를 통해 성수동 문화복지센터를 설계하였다. 즉, 건축가는 도시 속 삶의 생명력과 연결되어 구축된 도시구조에 대한 건축적 재해석을 통해 "도시와 건축의 만남"을 이끌어내고자 하였다.

도시구조로서 건축물의 용도 및 형태, 가로와 도로, 빈 공터, 녹지공간, 광장 등은 도시 속에 살아가는 사람들의 평범한 삶과 우연적이거나 계획적인 독특한 사건들이 시간의 흐름 속에 적층되어 보여주는 생명력 있는 삶의 물리적 증거이다. 또한 도시구조는 도시가 구축된 시간적 역사와 현재 삶의 현장을 보여준다. 성수동 문화복지센터가 계획된 당시의 대지가 보여주는 도시구조의 이미지는 "낡음", "쇠퇴함", "열악함" 그리고 "무미건조함"이라는 단어들을 떠올리게 한다.

주거지역 속에 자리 잡은 이질적인 공장들, 도로의 한쪽 가로변에 무질서하게 주차된 차량들, 적벽돌로 지어진 4층 규모의 낡은 빌라주택, 휴식과 쉼을 취할 수 있는 녹지공간이 자리 잡지 못한 삭막한 도시환경 등 성수동 공장지대의 한가운데에 놓인 대지는 도시민의 삶의 질 증진을 위한 도시구조의 변화를 요구하는 도전에 직면하고 있었다.

flying theater

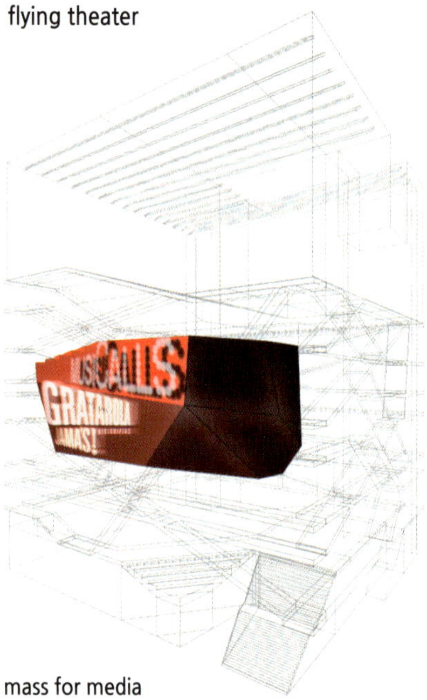
mass for media

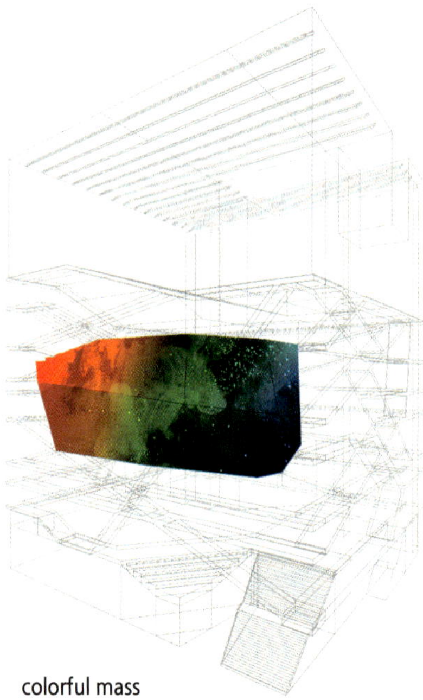
colorful mass

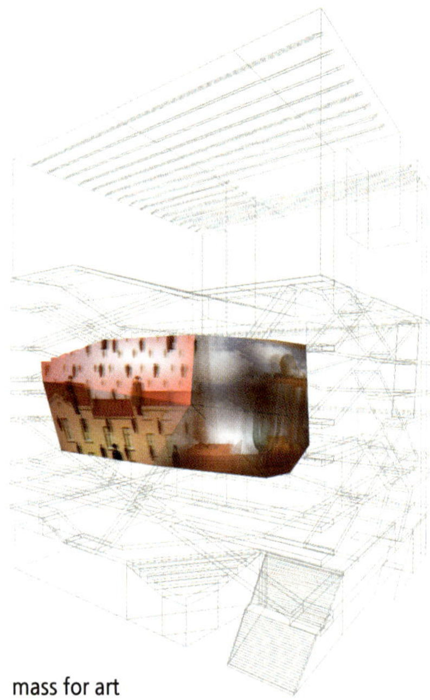
mass for art

▽ 성수문화복지센터 건립 전의 도로와 주변 모습

이에 건축가는 도시구조의 변화를 통해, 쇠퇴하여 열악한 도시구조를 적극적이고 직접적으로 바꾸는 방식으로 도시환경의 총제적 수준을 높이고 도시민의 삶의 질을 높이는 거주성을 향상시키기보다는, 도시적 장소와 맥락에 상응하여 접근하는 건축 공간을 구축하는 방법을 통하여 도시가 처한 당면한 도전을 과감하게 극복하고자 하였다. “도시구조로서의 건축” 그리고 “도시 연결체”라는 건축 언어를 통해 건축계획 및 설계가 건축물 안에 공간을 다루는 한정된 의미로 규정되는 것을 넘어서, 장소를 만드는 도시설계와 공간을 만드는 건축설계를 연결하며 종합적이고 통합적인 안목으로 건축을 이끌어가는 개념을 설정하였다.

첫째, “도시구조로서의 건축”의 개념은 도시 내에서 사람과 사람이 열린 공간체계 안에서 만남과 사건이 이루어지게 하며, 촘촘하게 연결되는 수평적 연결체계인 거리와 광장을 건축물 안에 수직적, 수평적, 3차원적 광장으로 담았다. 복합적인 도시공간을 하나의 건축물 안 영역으로 집약시키고 도시의 수평적 동선인 광장과 거리가 건축물의 수직적 동선으로 재해석되었으며, 도시 안에서 사람과 사람이 만나는 장소성을 가진 광장이 건축물 내부와 외부공간의 커뮤니티 공간으로 재해석되어 다양한 요소, 재미, 감동 등의 프로그램이 담긴 만남의 장소로 제시되었다.

△ 수직적 연결체계 (커뮤니티 공간)

둘째, 도시에 조성된 풍부한 자연 녹지 공간이 인공적인 도시 안에 자연의 푸름을 도시민들에게 주며 쉼과 휴식의 장소를 제공하는 것처럼, 수평적,수직적, 3차원적인 광장에 자연의 푸름을 담아 자연과 함께 도시를 산책하듯 건축물을 산책하도록 랜드스케이프적 루트를 계획하였다. 기존의 도시구조 안에 자연을 담는 새로운 공원을 계획하는 것은 물리적인 비용과 시간이 많이 소요되는 어려운 도전일 수밖에 없으며 현실적으로 어렵다. 그러함에도 삭막하고 푸름 없이 공장의 소음과 차가운 콘크리트와 검은색 아스팔트로 덮힌 도시 안에 자연의 푸름을 담는 것은 도시민들의 거주성 향상에 특별한 의미를 준다. 건축가는 “도시 산책로”라는 개념을 성동복합문화센터에 그대로 적용하였는데 수평적, 수직적, 3차원적으로 다층적 순환체계를 형성한 커뮤니티 공간에 자연을 담아 건축물의 공원화, 그리고 수평적 산책로의 수직적 산책로의 전환을 시도하였다. 이를 위해 모두에게 열려 있는 공공청사로서 복합문화센터의 기능적 상징과 용도를 적극적으로 활용, 건축물의 외부공간의 경계를 적극적으로 허무며 자연스럽고 간섭이 없는 접근이 가능하도록 하였으며, 외부공간과 내부공간의 끊임없는 순환과 교차를 도모하여 공간적 연결뿐만 아니라 사람들 간의 교류활동이 활발히 이루어지는 상호보완적인 관계로 만들었다. 순환을 통해 연결되고 교차되는 공간 속에 자연을 담아 건축과 자연 풍경이 서로 조화를 이루며 수직적 공원의 모습을 갖추도록 의도했다.

PROCESS

클립시티

클립시티는 도시의 정의 방식을 새롭게 제안하기를 원한다. 일반적인 도시적 리서치를 통해서 우리는 새로운 시선을 획득할 수 없다. 도시를 탐구하는 수없는 갈래의 방식을 재정의해야 하는 요구가 여기에 있다. 수없는 클립의 텍스트는 도시를 분석하는 틀, 도시를 구성하는 프로그램을 재정의하고, 도시를 재조립해 내는 방법까지도 함축하는 행위를 암시한다. 이 거대한 텍스트의 맵 속에서 우리는 텍스트를 연결하는 또 다른 지도를 그려낼 수 있다. 클립시티적 태도를 통해서 방법과 내용이 통합되고 복합된 새로운 도시의 맵이 만들어진다. 발췌된 도시의 단어들을 결합하면서 생겨나는 새로운 단어들의 조합과, 이 조합을 이끄는 하이퍼링크적인 맵이 그 속에 연결될 것이다. 〈클립시티〉는 새로운 도시지형을 만드는 이야기와 연결된다.

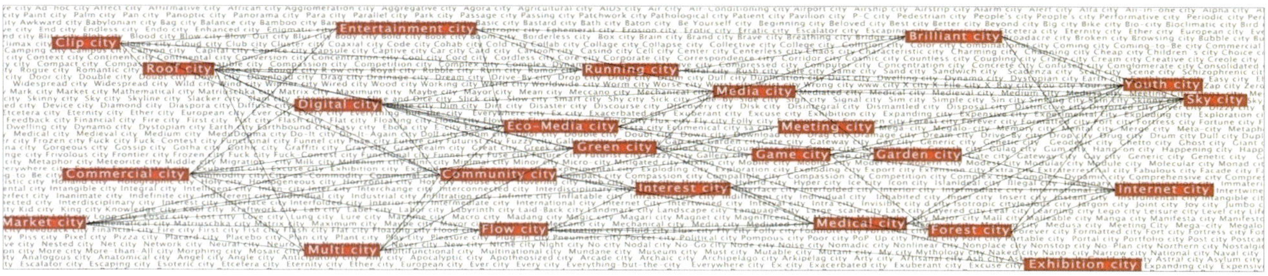

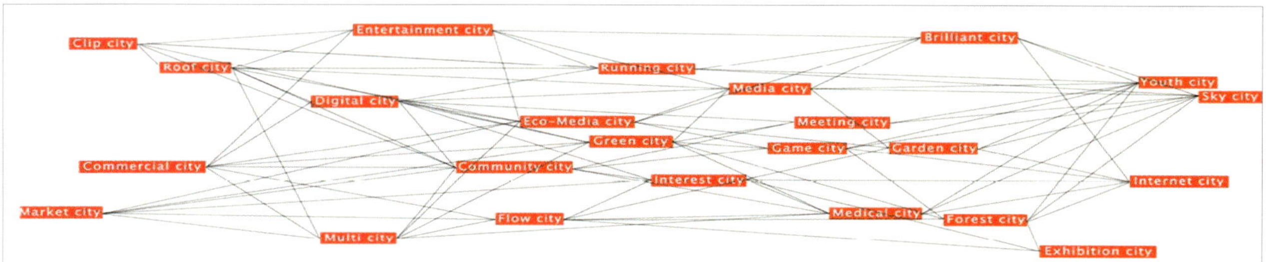

〈하나의 도시는 또 다른 하나의 도시를 숨긴다 — 하나의 건축은 또 다른 하나의 건축을 숨기고 있다 — 하나의 건축은 또 다른 하나의 도시를 숨긴다〉 도시 리서치를 통해서 획득되는 개념을 텍스트화하고, 이 텍스트의 나열을 클립시티라 명명한다. 따라서 클립시티의 개념은 서울을 통하여 발견할 수 있는 제3의 건축과 공간개념을 연구하는 틀의 제안이기도 하다. 서울의 도시를 구성하는 요소와 지역적 특성에 대한 분석을 통하여 획득되는 도시적 모델과 건축적 모델의 범위를 확장하고 그 안에 존재하는 텍스들의 조합을 통해 도시적 구조의 건축을 합성해 내는 데 그 목적이 있다. 클립시티는 복합화된 건축을 이루기 위한 요소적 발췌를 설정하는 방식이다. 도시에서 필요한 요구와 결핍을 예상하고 결합을 위한 전제를 설정하는 가설의 한 부분과도 같다. 전혀 다른 배경 또는 시스템 위에 새롭게 끼워 넣거나 결합하는 새로운 시스템이거나 프로그램을 찾아내는 것을 의미하기도 한다.

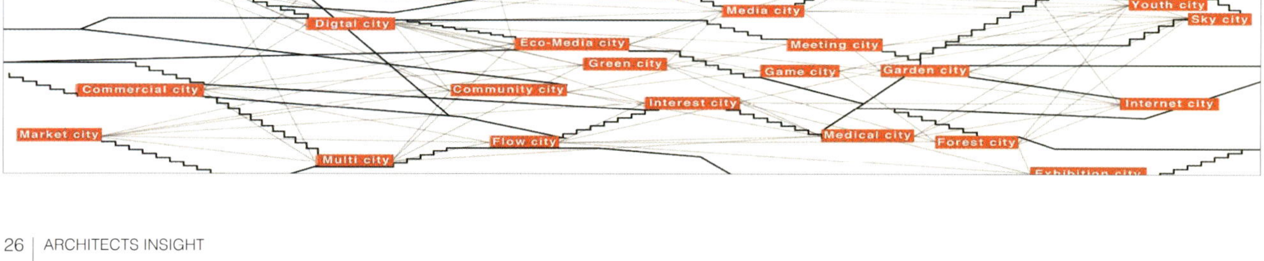

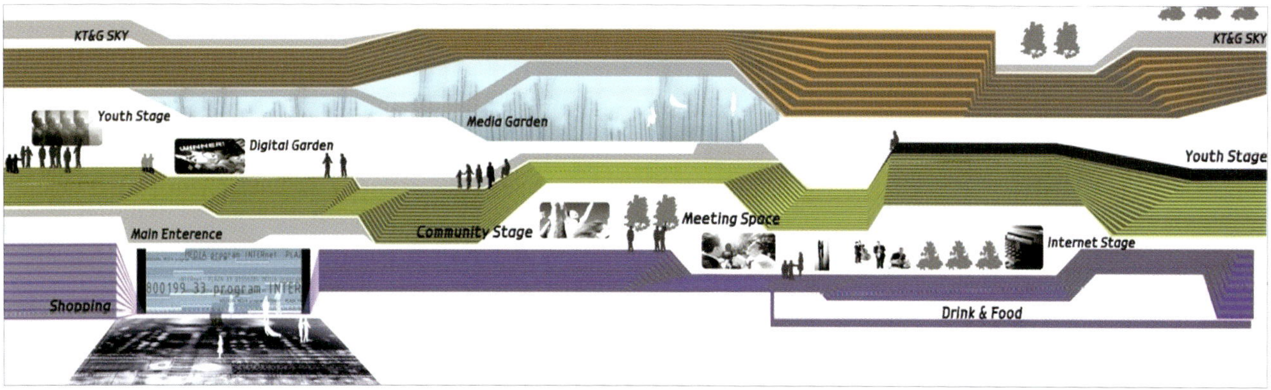
KT&G SKY
KT&G SKY
Youth Stage
Media Garden
Digital Garden
Youth Stage
Main Enterence
Community Stage
Meeting Space
Internet Stage
Shopping
Drink & Food

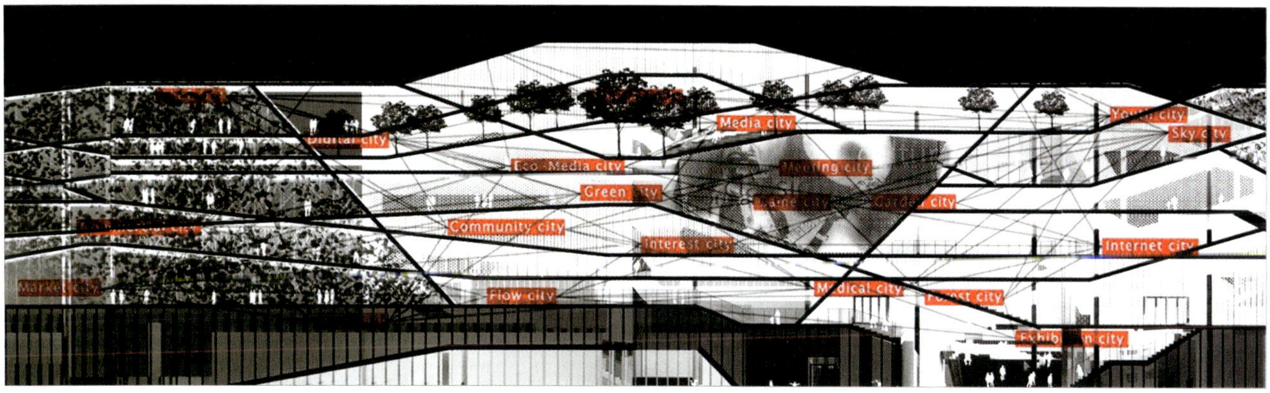
Media city
Eco-Media city
Community city
Internet city
Flow city

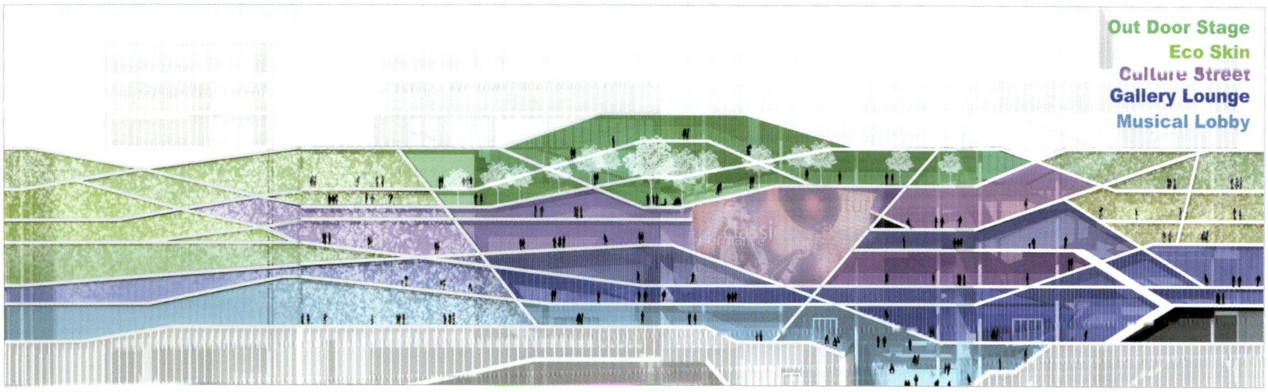
Out Door Stage
Eco Skin
Culture Street
Gallery Lounge
Musical Lobby

이미 잘 알려진 예화랑(2005), 크링(2008)이나 최근작인 헤이리 크로노토프 월(2021), 이상봉 타워(2018)가 아닌 성동문화복지센터(2012)를 2022년인 현재 시점에 건축가가 이 ARCHITECTS INSIGHT 시리즈에 자신의 대표작으로 소개하고자 했던 이유가 있을 것이다. 이 시리즈의 목표가 "설계 프로세스에서 발견한 건축의 통찰력"을 찾는 것이라면, 성동문화복지센터 설계 프로세스에서 우리는 어떤 통찰력을 얻을 수 있을까? 건축가는 이 건축물의 주요 아이디어로서 '도시재생을 위한 씨앗', '도시문화 복합체', '인터랙티브 프로그램', 3차원적 거리와 광장, 커뮤니티 라운지, 문화 네트워크 플랫폼을 포함하는 '클립시티', '스킨 스케이프' 등 대부분 기존 용어들을 자신의 방식대로 새로 조합하여 만든 다소 현란한 개념들을 소개했다. 장윤규 건축가는 성동문화복지센터를 완공한 직후인 2013년 인터뷰에서 "지금까지 작업한 것들의 대부분은 10년 전 골방에 틀어박혀 생각했던 것들이 구현된 것이다"(조선비즈, 2013)라고 말했다. 그의 이전 10여 년의 작업을 추적해 보니, 과연 그가 말한 대로 성동문화복지센터에서 구현한 이런 아이디어들은 그가 오랫동안 애쓴 건축 실험들을 통해 다듬어진 것임을 알 수 있었다. 이 건축물의 설계 프로세스를 단순히 소개하기보다는 성동문화복지센터의 설계 개념과 관계 있는 이전 10여 년의 작업 프로세스를 추적하여 건축가가 골방에 틀어박혀 고심했던 것들을 어떻게 구현하였는지를 파악하고자 한다.

성동문화복지센터 설계개념과 연관있는 운생동의 이전 프로젝트

연도 / 건축가 / 프로젝트명	주요 설계개념	이미지(사진)
2002 장윤규 부산타워, 풍경복합체	Compound Body with Interactive Scape Map	
2002 장윤규, 장윤성 윤석화의 공간, Skin Scape	Skin Scape 주름 표피	
2002 장윤규 + 희림건축 이집트대사관 하이퍼텍스트 스킨스케이프 (국제현상설계당선안)	Floating Volume Hypertext Skin Scape with Flowing Route	
2003 운생동 백남준 기념관, Inter-Media Dam	Interactive Media Compound Body between Space and Structure	

2004 장윤규, 김 진 하이퍼텍스트 맵	Hyper Text Map	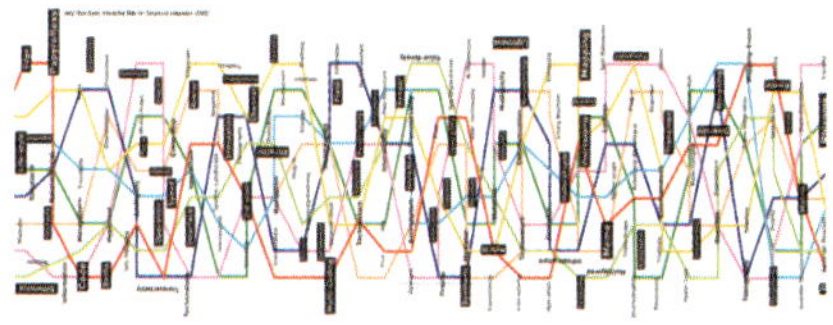
2004 운생동 + 토문건축 KT&G 복합 문화센터 (현상설계 당선안)	Stage Volume Flying City with Movement Street Imagination Atrium (Communication Canvas), Interactive Program Floating Landscape	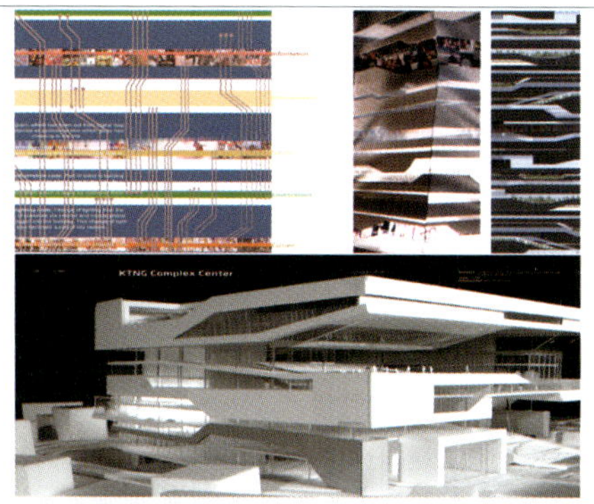
2004 장윤규, 김우일 + 토문건축 광주디자인센터 Interactive Linear Box	Interactive Map for Design Network Programmed Skin	
2005 장윤규 Compound Body 복합체(저서)	Compound Body Hyper Text Map, Clip City Interactive Program Skin Scape, Floating	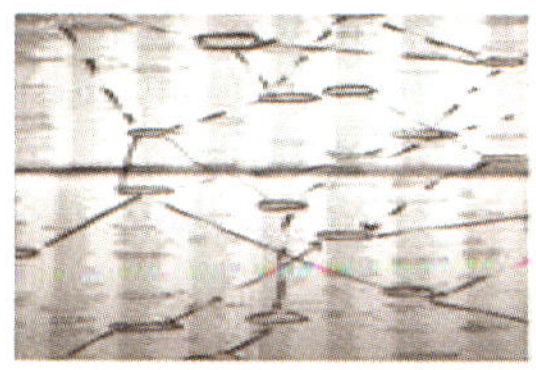
2005 운생동 예화랑	Skin Scape Urban Canvas	
2006 운생동 파주 생능출판사	Multi-purpose Topography Interactive Map Imaginary Text	

2001년 작가 에세이에서 장윤규는 "Floating Skin"으로 구성된 "복합체"를 설명했다. "Floating이란 새로운 건축을 시도하려는 태도를 의미하며, 사회에 대한 가역 반응을, 무중력적인 사고를, 건축은 가볍게 구축하되, 숨어있는 정신은 무겁게 반응하는 의미를 내포한다... 비워나가기의 핵심은 자유로운 스킨(floating skin)의 개념일 것이다. 도시의 스킨은 비워나감의 전략 속에서 자유도를 획득한다. 각각의 도시적 요구에 따라 여러 겹의 자유로운 스킨이 중첩된다. 대지로부터 이탈될수록 대지가 갖는 가능성의 한계는 점점 더 희미해진다. 비워진 도시 블록의 터는 활동성, 풍부함, 연결성 등으로 변환된다. 단지 공간 속에서 기능만을 포함한 것이 아니라 많은 도시 요소와 편린을 가속하는 복합체로 설명될 수 있다."
〈월간 건축문화사, 2001〉

2002년 건축가는 Floating Skin으로 구성된 복합체의 다소 환상적인 사례인 〈부산타워, 풍경복합체 Compound Body with Interactive Scape Map〉 설계안을 제시했다. 여기서 인터랙티브 맵은 구조이면서 바닥과 벽이기도 한 복합체적인 플레이트로 구현되었다. 인터랙티브 플레이트가 만들어내는 다양한 단면으로 타워 전체가 풍경 프레임으로 작용하고, 최상층 전망대에 이르는 수직 공원 여정에서 다양한 단면이 겹쳐져서 형성되는 맵을 찾아볼 수 있다. 최상층을 가로지르는 플레이트에는 레스토랑, 커피숍, 휴게공간 등 공원 프로그램이 들어간다.

2002년도에 또한 건축가는 〈윤석화의 공간, Skin Scape〉 설계안도 선보였다. 그에 따르면 "도시 전체를 주름진 스킨으로 바라보면 물리적 요소인 기둥, 벽, 바닥과 같은 기본 요소가 하나로 통합될 수 있다. 이런 복합체적인 스킨은 다른 요소들과 결합해서 '스킨 스케이프'를 만든다. 스킨과 구조와의 결합, 스킨과 공간과의 결합, 스킨과 프로그램과의 결합...... 도시를 바라보는 인식의 변화와 도시를 변형해 내는 새로운 도시구조의 틀로 연속적인 스킨을 적용할 수 있다." 그는 결국 10여 년 후 성동문화복지센터에서 스킨과 구조와의 결합, 스킨과 공간과의 결합, 스킨과 프로그램과의 결합을 유도하는 인터랙티브 플레이트가 만들어내는 "스킨 스케이프"를 구현했다.

2002년 국제현상설계공모에서는 희림건축과 공동으로 〈이집트대사관, 하이퍼텍스트 스킨 스케이프 Floating Museum with Hypertextual Flowing Route〉 설계안을 당선시켰다. 여기서 건축가는 고대 이집트 문명을 해석할 수 있는 단서를 제공한 로제타스톤을 문화의 이해와 교류의 매개체로 설정하고, 이집트대사관을 Floating Stone으로 변환하였다. 또한 Floating을 자유로운 정신으로 해석하여 떠오른 돌 아래에 열려진 교류의 장을 만들고, 외피에 가로줄의 틈을 두어 내외부가 소통하도록 디자인했다. 부정형의 전체 매스는 완결된 형태로 나아가는 과정이며, 부정형의 외피 안에 정형의 실들을 둠으로 서로 다른 두 문화 체험을 표현했다.

2003년에는 〈백남준 기념관, Inter-Media Dam〉 설계안에서 인터랙티브 플레이트 구조 틀 안에 다양한 공간 프로그램을 넣는 복합체를 제안했다. 접히면서 연속적으로 이어지는 플레이트는 바닥과 벽이기도 하고 다양한 공간이 연속적으로 흐르면서, 관람객은 그 안에서 새로운 공간 체험을 할 수 있다. 인터렉티브 플레이트가 만들어내는 프로그램 스킨, 미디어 스킨, 정보 스킨, 랜드스케이프 스킨, 문화 스킨 등 다양한 입면 구성에서 백남준의 작품을 연상시키는 표현을 찾을 수 있다.

2004년 장윤규 건축가는 〈하이퍼텍스트 맵 Hyper Text Map〉 작업을 수행했다. 그는 건축적 텍스트를 공간에 뿌리고, 이것을 다른 테마의 맵으로 연결하고자 시도했다. 연관성 있는 텍스트들을 서로 관계 맺게 하며, 걸쳐진 관계의 맵에 의해 복합적인 코드로 재편성되는 과정을 다이어그램화하여 제시하였다.

2004년 운생동은 토문건축과 공동으로 현상설계공모에서 〈KT&G 복합문화센터 Flying City, Imagination Box〉를 당선시켰다. 도시의 여러 가지 모습과 공간이 층층이 쌓여진 Multi Complex City로서의 상업 문화공간을 선보였는데, 도시의 길, 광장, 숲, 상점, 놀이공간, 공원 등이 입체적으로 구성되어 있다. 건축가에 따르면, 입체적인 도시구조의 공간은 대지로부터 자유로운 상상의 도시인 Flying City가 된다. Flying City는 단일 기능이 아닌 쇼핑 + 문화공간, 쇼핑 + 스테이지 플라자 ...... 등 상호교류하는 프로그램으로 효과를 배가시킨다. 또한 상상 아트리움과 중정을 통해 관통하며 적층된 프로그램과 수직, 수평으로 연결되는 3차원적인 젊은이의 거리를 만들어, 서로 융화하면서 시너지 효과를 내는 젊은이를 위한 One Stop 복합문화공간을 제시했다.

2004년에 또한 장윤규 소장은 김우일 건축가, 토문건축과 공동으로 〈광주디자인센터 Interactive Linear Box〉 설계안을 당선시켰는데, 이 디자인센터를 통하여 인터랙티브 맵의 공간화를 실현하였다. 그는 평평한 대지 위에 외부영역인 광장과 내부 전시공간을 포함한 공공 성격의 장소가 분리되지 않고 입체적인 데크로 연속적으로 연결되는 랜드스케이프 포디움(Landscape Podium)을 설계했다. 이것을 통해 공공장소, 디자인 전시와 지원, 교육 그리고 디자인 업무 등의 프로그램이 아트리움을 중심으로 입체적으로 교류하는 인터랙티브 디자인 박스(Interactive Design Box)의 개념을 적용하였다. 또한 그는 내부 프로그램을 외부 스킨에 반영하여 공간 기능에 따라 다른 재료와 물성을 표현하는 프로그램 스킨(Programmed Skin)을 제안하였다.

2005년 장윤규 건축가는 그때까지의 건축실험과 작품 그리고 그의 이론을 정리하여 저서 〈Compound Body 복합체〉를 발간했다. 이 책에는 복합체, 클립시티, 스킨스케이프, 부유체(Floating+Floating), 인터랙티브 맵 등의 개념이 그가 시도했던 실험적인 작품들과 함께 정리되어 있다. 건축가는 이 책에서 클립시티를 만들어내는 프로세스를 보여주고 있다. 그는 도시 리서치를 통하여 A부터 Z까지 도시 요소로 정의될 수 있는 텍스트로 도시를 분해하여 최대한 나열하고, 그 중 해당 설계와 관계 있는 텍스트를 연결하여 새로운 도시 맵을 만들었다. 건축가에 따르면, "클립시티는 새로운 도시지형을 만드는 이야기와 연결된다." 〈Compound Body 복합체〉 저서에서 클립시티로 인터랙티브 맵을 만드는 과정은 직설적이고, A부터 Z까지 철저하며, 그 표현방식은 날것과 같이 거칠었지만, 이번 성동문화복지센터에서의 클립시티 다이어그램 과정은 그 표현에 있어서 한층 세련되고 다듬어졌다. 여기에서는 맨땅에 헤딩하는 것과 같은 초기의 절박함 대신에 전문가적인 여유를 엿볼 수 있어서 격세지감이 느껴지기도 하지만, 그 개념에 있어서는 여전히 공통분모를 찾을 수 있다.

2001년 장윤규 소장은 신창훈 건축가와 운생동을 설립하여 위에서 소개한 많은 작품을 했고, 현상설계에도 상당수 당선되었으나, 운생동 단독으로 설계하여 완공한 건물은 2005년 예화랑이 처음이었다. 그의 나이가 불혹을 넘긴 때였다. 예화랑과 크링(2008)의 성공으로 그는 국내외에서 모두 인정하는 중견 건축가의 반열에 오르게 되었다. 이런 그의 건축 인생 여정이 건축가 루이스 칸을 떠올리게 한다. 루이스 칸 역시 불혹을 넘겨서 건축계가 주목할만한 건축물을 완공했다. 칸의 건축물은 매우 체계적이고 설득력 있으면서도 철학적인 면모가 느껴지는 반면에, 그의 글은 난해하여 읽는 이는 미궁에 빠지는 경향이 있다. 장윤규도 그러하다. 장윤규 건축가가 지은 건축물은 비교적 명확한데, 그의 글은 분열되고, 그가 만든 용어는 적확성을 거부한다.

성동문화복지센터에서 그가 적용한 Hyper Text Map, Clip City, Flying City with Movement Street, Stage Volume, Compound Body between Space and Structure, Culture Network Platform, Skin Scape 개념은 이미 건축가가 10여 년 전부터 해온 작업에서 찾아볼 수 있다. 그러나 이런 텍스트는 여전히 적확성을 거부하며, 반복되고, 해체되고, 재결합하며 그 의미를 양산하고 있다. 따라서 그가 만든 건축물들도 변주되고 부분 요소들이 치환되며 변모한다. 2005년 〈예화랑〉에 적용된 스킨 스케이프의 개념은 '스킨이 공간화되기'이다. 여기에서는 다양한 각도로 구부러진 여러 겹의 솔리드 스킨 사이를 관통하는 특이한 공간 체험을 할 수 있다. 이런 벽들은 내부 공간을 단순하게 한정 짓는 벽이 아니라 Urban Canvas처럼 보이며, 이런 구부러진 수직 벽들 틈새들로 내부공간이 외부로 노출되며 스킨 스케이프를 만든다. 그러나 윤정원(2018)이 지적한 대로 이런 스킨 스케이프 벽은 전면의 가로수길이 아닌 뒤의 좁은 길에 면하고 있어서 보행자에게 그 인상이 실제로 전달되기 어려웠다. 2006년 〈파주 새능출판사〉 건물에서는 자연에 있는 대지 형상을 추상적으로 변화시켜 쌓아 놓은 듯한 콘타 지형이 건물 외부를 두르는 입체적인 스킨 스케이프를 보여주었다. 콘타 단면 변화와 같은 보이드와 솔리드 공간이 번갈아 반복되는 지형 쌓기로 만들어진 모습은 계단형의 발코니, 휴게, 퍼포먼스, 갤러리, 세미나뿐 아니라 다양한 프로그램을 수용하고 연결하는 인터렉티브 특성을 드러낸다. 그리고 성동문화복지센터에서는 건물 중-저층부의 전면과 양 측면에 〈부산타워〉의 인터랙티브 플레이트 튜브공간과 〈백남준 기념관〉의 인터랙티브 플레이트 구조 틀을 좀 더 다이내믹하면서도 실현가능한 인터랙티브 구조 틀로 대체했다. 그리고 그 안에 다양한 문화 프로그램의 공간 네트워크가 한눈에 인지되도록 건물 외부에 공공공간인 공연장 로비, 라운지, 발코니를 계단 길로 연결하고 둘러서 입체적인 스킨 스케이프 복합체를 연출했다.

건축가의 이전 10여 년의 연관 작업을 추적하고 성동문화복지센터 설계 분석에서 발견한 점은, 이 복지센터에서 건축가가 이전에 시도했던 여러 건축 개념들이 좀 더 현실적으로 변모하고, 이런 아이디어들이 하나의 복합체로서 완성도 높게 구현된 것임을 확인할 수 있었다. 그리고 건축가가 말한 '도시재생을 위한 씨앗'이란 그의 설계 과정은 그가 이렇게 열성적으로 쌓아온 운생동의 건축 실험에서 유래하며, 복지센터 기존의 주변 환경을 반영하지 않음을 의미한다. "특히 혼자 튀어 주변과 어울리지 못하는 작품에 대해 어떻게 생각하느냐는 질문엔 '나는 Context는 고려하지 않는다'고 선을 그었다. 그는 주변과의 조화로움이 빚어내는 아름다움도 중요하지만, 새로 완성된 건물이 주변에 미치는 영향도 중요하다고 강조했다"(조선비즈, 2013). 일반적으로 회자되는 '특이'하거나 '파격적', '정의하기 힘든' 운생동의 건축은 그들이 지치지 않고 해온 다양한 건축 실험에 기초하기 때문에, 이런 화려하고 눈에 띄는 외관을 한 운생동의 건축물을 이해하기 위해서는 다소 난해한 "자유로운(Floating) 스킨 스케이프 복합체"에 관한 건축가의 이야기에 귀 기울일 필요가 있다.

서울숲
동아
11

PLAN

도시연결체

도시의 단절을 극복하고 서로 소통하기 위한 하나의 틀로 다양체이며 통합체로서의 프로그램 평면 시스템을 제안한다. 도시 구조, 랜드스케이프, 길, 광장, 공간, 프로그램이 구분 없이 통합된 새로운 시스템이며, 버려지는 기존 도시 인프라를 변화시켜 다양한 이벤트와 변화를 이끌어내는 새로운 문화적인 도시 연결체를 구성한다.
복지공간, 공연장, 도서관을 아우르는 기본적인 프로그램들이 중심을 이루고 주변부를 입체적인 길의 프레임으로 감싸는 시스템을 적용하였다.

커뮤니티 라운지

도시는 시 광장의 연장으로 갤러리 라운지를 제안한다. 그라운드 레벨에서 메인 계단 스트리트를 통해 2층 레벨에 다양한 이벤트를 수용할 수 있는 공공에게 열린 다목적 공간을 구성한다.
이 다목적 공간은 새로운 세대의 시민들에게 제공될 비워진 도시 광장과 같은 역할을 하며, 도시민들에게 열린 이벤트 공간인 도시 스테이지 공간과 같은 역할을 한다. 다양한 무대적 광장의 결합을 통하여 문화행사, 엔터테인먼트, 미디어, 교육, 다양한 이벤트, 휴식공간, 열린 커뮤니티,... 등의 연결고리 역할을 구축하여 시민문화의 구심점이 될 것이다.
문화 자연 Culture-Nature / 미디어 자연 Media-Nature / 정보 자연 Information-Nature / 크리에티브 환경 Environmental Creative 광장의 역할을 수행한다.
커뮤니티 라운지는 2020년 시민 커뮤니티 라이브러리로 진화하였다. 리빙룸과 같은 개념으로 확장되어 쉬어가거나 차를 마시거나 토론을 하거나 하는 다양한 활동들을 할 수 있도록 개방형 공간의 라이브러리로 구성되었다. 책을 읽으러 오지 않더라도 도서관의 분위기를 느끼며 쉴 수 있도록 시민을 위한 문턱이 낮은 공간으로서의 도서관을 제안하였다.
커뮤니티 라운지에서 3층의 객석으로 자연스럽게 이동하는 동선을 유기적으로 연결되고, 자연스럽게 공연장 로비로 연결된다. 공연장조차도 이러한 커뮤니티 라운지의 연장이며 자연스럽게 시민에게 열린 이벤트 공간이 된다.
공연장 로비 공간은 중간층에 존재하는 플로팅 가든으로 연결된다. 플로팅 가든은 문화의 정원이며 도서관 레벨까지 이르는 도시의 입체적 길과 순환되며 도시적 산책을 완성한다.

Culture Street

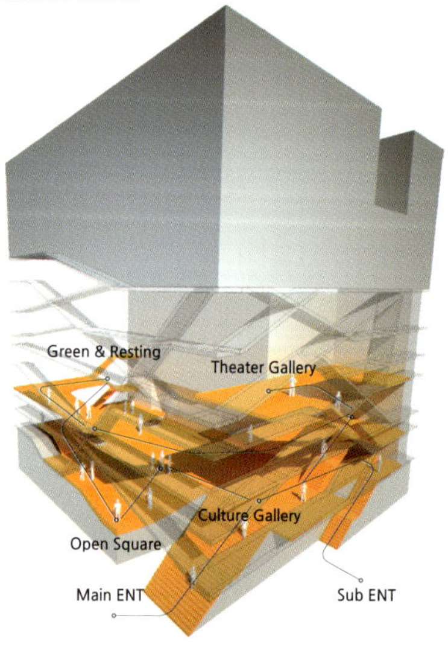

Circulation

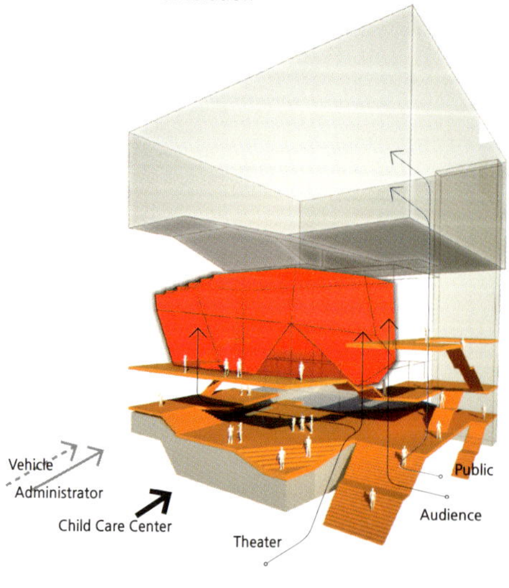

Circulation for therter

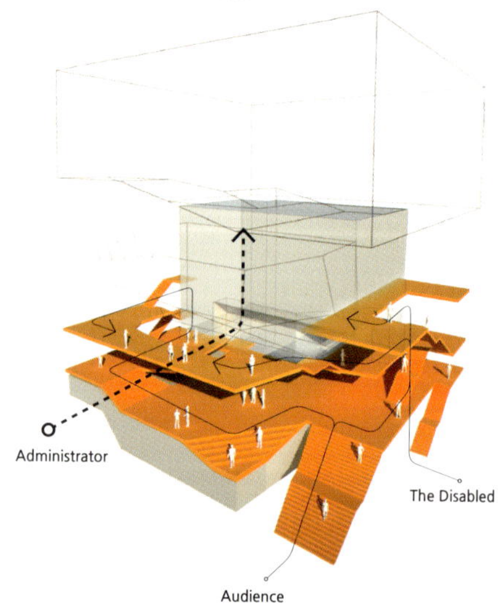

문화복지센터가 담아야 하는 기능은 건물의 명칭만으로 상상하기에도 복합적이고 다양한 스펙트럼이 가능할 것이다. 최근에 도시의 주요한 공간에 많이 지어지고 있는 문화복지센터는 지역이 요구하는 기능과 더불어 각 지자체의 여건, 지역의 산업, 인구 구성 또는 도시에서의 다양한 역할이 부여되고 있다. 성동문화복지센터는 큰 규모에 걸맞게 포함하고 있는 기능들은 매우 다양하다. 넓지 않는 대지의 여건으로 인해 성동문화복지센터는 이러한 다양한 기능을 수직으로 구분하여 조닝을 만들어 내고 있다. 따라서 모든 진입은 지상층에서 이루어지게 되고 많게는 수개층이 통합되어 하나의 공간을 만들어내기 위해서 기능별 공간 내부에서 이를 다시 수직으로 연결하는 복잡한 연결성이 필수적이었다.

장윤규 건축가는 이러한 복잡한 평면적, 수직적 연결을 감추지 않고 충분히 외부의 디자인으로 표출하는 흥미로운 디자인 기법을 보여주고 있으며 지속적으로 주장하고 있는 "복합체-도시구조로서의 건축" 개념의 성공적인 사례를 만들어 낸 프로젝트이기도 하다.

이 프로젝트에서의 주요 기능은 아동복지시설(시행단계에서 노인의료시설로 변경되었다), 극장, 도서관 등이며 이를 좁은 바닥 면적의 1층에서 전체 인원을 수용하기보다는 자연스럽게 도시의 길을 2층으로 연결시키는 방법으로 중요 동선의 도입부를 2층으로 끌어들이고 있다. 따라서 남측의 외부공간은 외부계단을 위해 열려있고, 서측의 오픈 공간은 엘리베이터를 이용해야 하는 사용자에게 출입구를 제공하고 있다. 1층의 평면은 아동복지시설(현재는 노인관련의료시설로 사용)과 성동문화복지센터의 로비 공간으로 분리되어 계획되었다. 일반적인 평면설계에서 넓지 않은 1층 공간을 나누어 계획하는 것은 쉽지 않으나 앞서 논의한 수직적 조닝을 고려하고 현재의 활용 상황을 고려한다면 매우 합리적이고 용감한 선택인 것으로 보인다. 단지 1층 로비로 진입한 최초 사용자들은 전체 공간의 구성을 예측하기는 쉽지 않을 것으로 보인다. 2층의 평면은 외부로 개방된 계단으로 진입한 방문자를 위한 외부 필로티 공간을 만들어 동선의 여유 공간을 확보하고 3층과 4층 극장의 홀 공간이자 실제 전체 건물의 로비 역할을 하게 해준다. 이는 공간이 협소한 도시건축에서 탁월한 선택으로 보이고 극장 이용시간과 도서관 등 복지문화시설의 이용시간을 고려할 때 공간의 활용도를 높일 수 있을 것으로 보인다. 2층의 나머지 공간은 극장 무대 하부로 출연자들의 드레스실, 관리사무실, 무대 제작공간 등 지원시설을 촘촘하게 배치하였다. 지하주차장의 창고에서 연결되는 화물용 리프트는 2층을 거쳐 3층 무대 레벨까지 연결되어 무대 관련 장비 및 재료의 반입을 쉽게 하고 있다. 3층과 4층은 극장 층으로서 중앙에 극장 객석과 무대를 위치시키고 서측으로는 엘리베이터, 동측으로는 화장실과 같은 부대시설이 위치하고 계단은 이 건물의 특징인 도시의 복잡성을 보여주듯이 각층의 공간을 긴밀하게 연결하면서 하부나 상부층의 구성 모습을 표출시키고 있다. 이 계단의 구성은 외부로 동선을 노출시키면서 이용자들에게는 공간적 유희를 경험하게 해준다. 이를 통해서 건축가는 공연장이 마치 하늘에 떠있는 것처럼 만드는 효과를 유도해 내는데, 이를 평면적으로 해결한 방법을 찾아내기 위해 풍부한 상상력을 동원했을 것으로 보인다.

5층부터는 복지시설이 배치되는데 무대의 상부 공간이 북측의 일부를 차지하고 나머지 공간은 여성복지센터의 기능이 포함되고 남서측의 상당한 공간을 외부로 덜어내어 4층까지의 외부계단의 연결성을 강조하고 있다. 서층부에서 역동적으로 구성된 외부 형태도 5층부터는 박스형의 차분히게 정리된 기능 공간을 만들어내고 있다. 6층과 7층은 도서관으로 하부층과는 명확하게 구분하는 기능을 가지고 있다. 이러한 독립적인 수직공간의 연결을 강화하기 위해서 중앙에 2개층을 관통하는 보이드 공간을 설정해서 하나의 공간으로서의 통합성을 만들어 내고 있다. 이 보이드 공간의 측면에는 6층과 7층 도서관 내부에서 이동하는 실내 동선을 설정해서 보이드 공간의 공간감을 충분히 느끼면서 기능의 효율성을 높이는 역할을 한다. 보이드 공간은 수직동선은 포함해야 좋은 결과를 만들어내고 이를 쉽게 찾아낼 수 있게 계획하는 것이 중요하다는 기본에 충실한 건축가의 세심함을 볼 수 있는 공간이다. 많은 인원을 수용하는 공연장과 도서관 사이에 복지시설을 삽입하고 이를 수직으로 연결하기 위해서 다양한 동선을 설정하는 것은 매우 어려운 작업이다. 특히 공연장의 무대 개방을 위한 기둥 간격이나 코어를 집중하기 힘든 정사각형의 좁은 대지 형상은 평면계획에서 많은 난제를 남겼을 것이다. 중간에 프로그램이 변경되는 우여곡절을 견뎌내고 만들어진 성동문화복지센터의 평면계획은 찬찬히 들여다보고 현장을 방문해 보면 외부디자인에서 느껴지는 강력한 힘을 평면에서 차분하게 받쳐주고 있는 치밀한 평면계획의 모습을 찾아볼 수 있을 것이다.

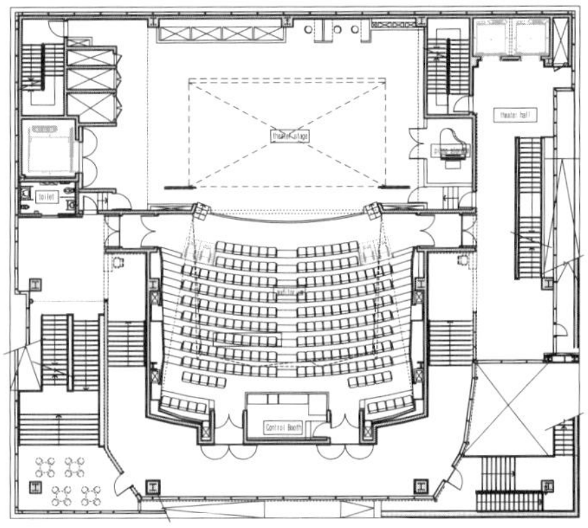

3F FLOOR A3:1/200

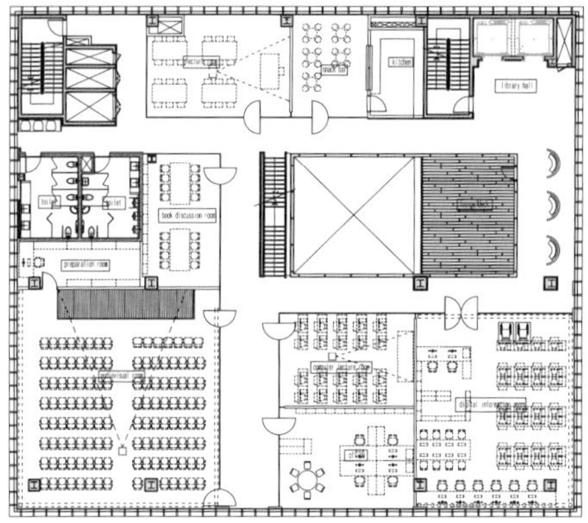

7F FLOOR A3:1/200

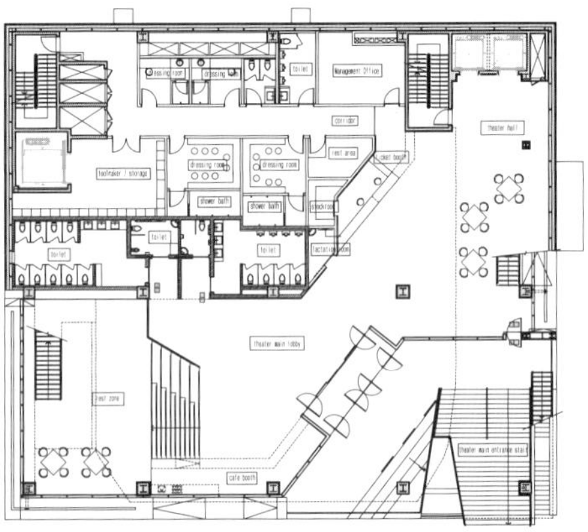

2F FLOOR A3:1/200

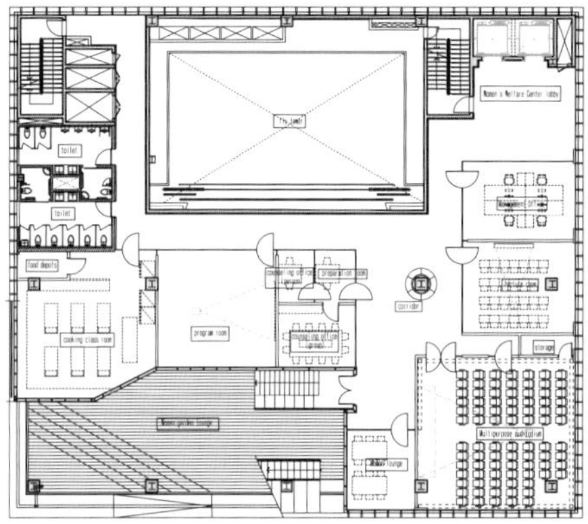

5F FLOOR A3:1/200

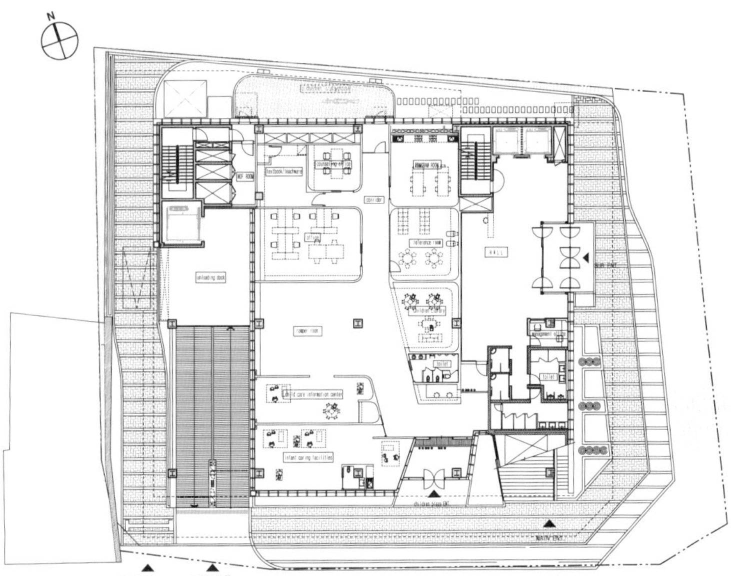

1F FLOOR A3:1/200

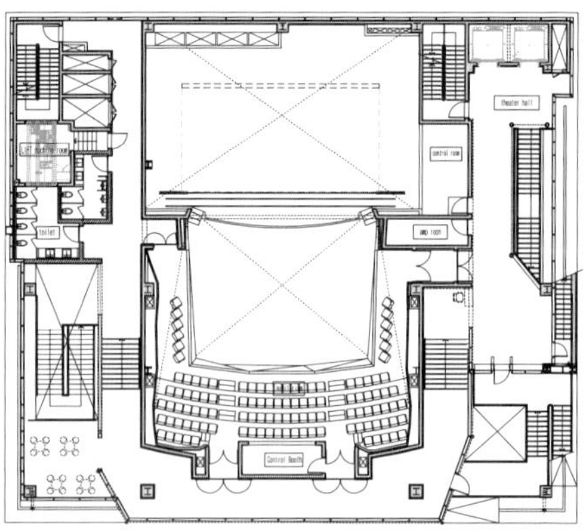

4F FLOOR A3:1/200

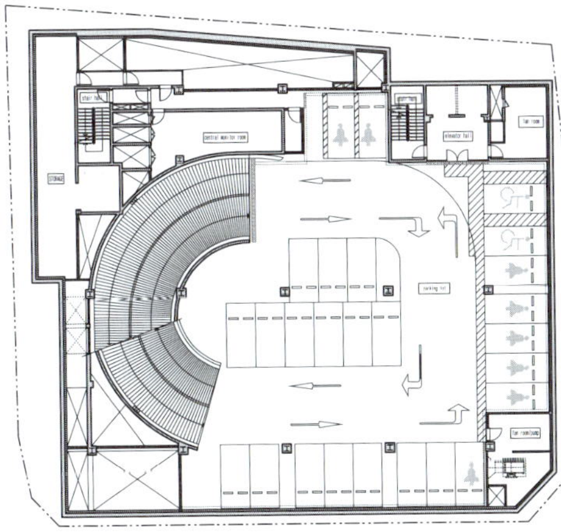

B1 FLOOR A3:1/200

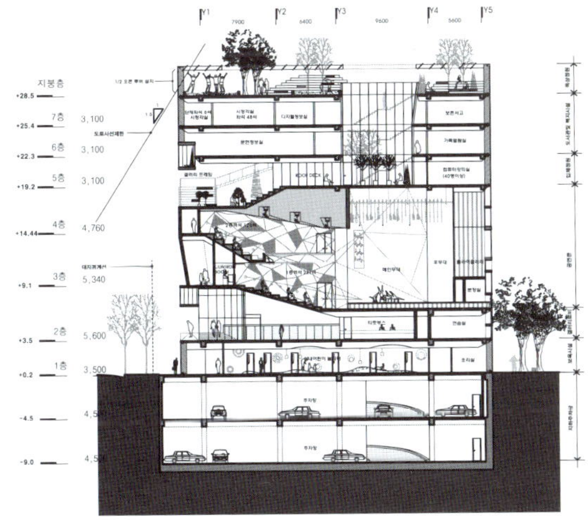

B SECTION

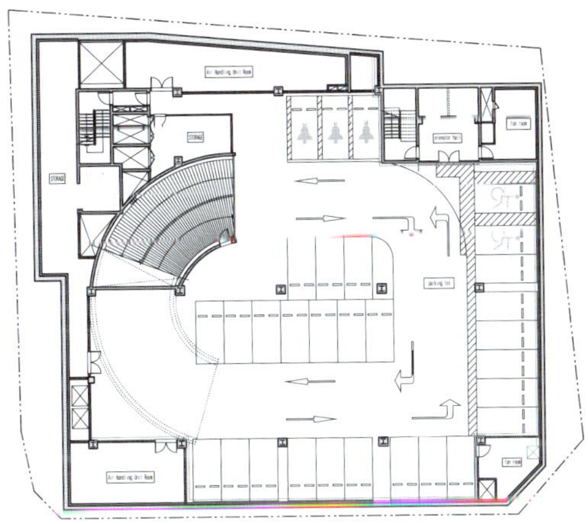

B2 FLOOR A3:1/200

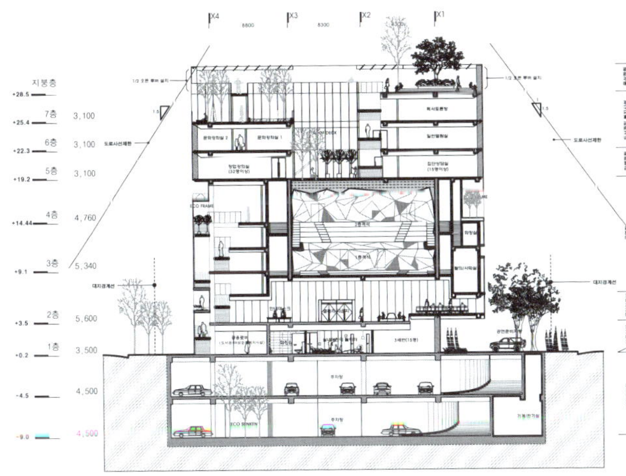

A SECTION

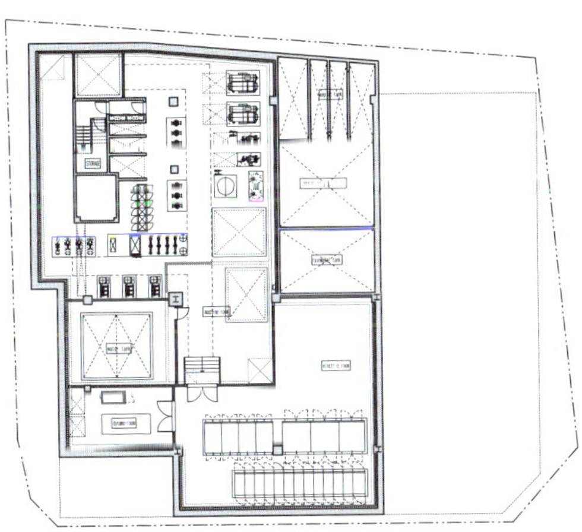

B3 FLOOR A3:1/200

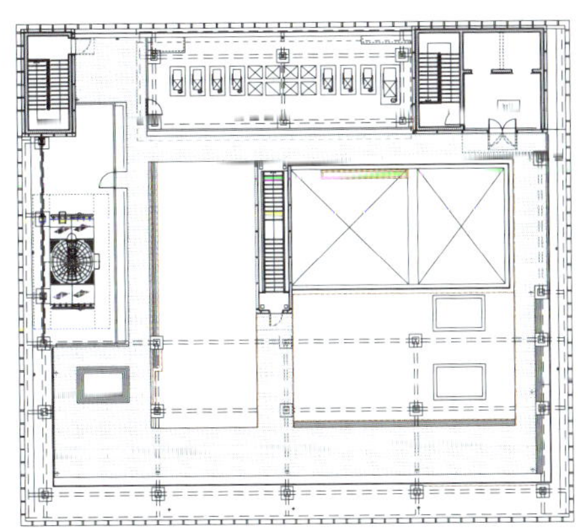

ROOF FLOOR A3:1/200

성동문화복지센터는 발전하는 성동의 문화 허브공간으로 주민의 문화 충전소가 될 것이다. 이는 열려있는 시민의 공간으로 성동의 새로운 문화 아이콘이 된다.
Culture FOREST는 자연 친화적 건강한 삶의 문화를 담는 복합문화시설로써 지역주민을 위한 공연문화, 여성문화, 어린이 놀이 공간, 도서관의 다양한 프로그램이 창조될 것이며, 아름다운 문화를 담고 성동의 미래지향적인 꿈과 열정을 담는 랜드마크가 될 것이다.

Culture Network Platform

문화 네트워크 플랫폼은 새로운 문화적 네트워크를 구성한다. 문화적 네트워크는 주변의 기능과 대지적 콘텍스트를 연결하는 하나의 장치로 작용한다. 네트워크를 이루는 선형의 패스의 재구성을 통하여 기존의 잠실운동장 시설과 미래에 요구되는 문화적인 길의 통합체를 구성한다. 버려진 철도 대지를 플랫폼 공간으로 구성하여 지상에서 사람들이 자유롭게 소통하는 네트워크적 공간으로 구성한다. 이 플랫폼의 대지는 주변 도시와 소통하기 위한 프로그램 보이드 공간과 연결되어, 상부의 다층적 외부 이벤트, 내부 프로그램 스페이스 사이를 관통하며 항상 즉각적으로 만나는 도시의 유동성을 획득한다.

Naturartificial Superposition

시민에게 열려진 공원적 성격의 자연과 내부적 프로그램 보이드, 인공의 외부 이벤트 공간을 담은 플랫폼이 서로 겹쳐지며 서로 연결되는 자연적 인공도시를 구성한다. 새로운 문화적 네트워크를 구성한다. 문화적 네트워크는 주변의 기능과 대지적 콘텍스트를 연결하는 하나의 장치로 작용한다. 네트워크를 이루는 선형의 패스의 재구성을 통하여 기존의 역사적인 길과 미래에 요구되는 문화적인 길의 통합체를 구성한다. 하이퍼링크적 공간의 길은 상호 영역성을 확장하여 단속적 도시가 아닌 연속성의 도시를 완성하는 틀이라 볼 수 있다.

인터랙티브 프로그램

다양한 테마인 휴식, 공원, 상업시설, 공공인프라, 문화, 미디어 등의 프로그램을 수행한다. 프로그램적인 구분보다는 유연한 도시적 요구를 수용하기 위해 구분 없는 영역과 확장을 만들어내는 전략을 선택하였다. 입체적 스트리트로 구성되는 프로그램 보이드는 내외부를 관통하며 다양한 도시적 소통을 실현할 것이다.

SECTION

1. Theater
2. 1F Theater Lobby
3. Ticket Booth
4. Indoor Kids Playground
5. Parking
6. Roof Deck
7. Gallery Frame
8. Literature Intelligence Center
9. Computer Lecture Room

△ 일상의 탈피를 통한 건물로의 자연스러운 접근 유도

도시공간 속에서 무심코 생활하고 있는 우리가 용건이 있어 찾아 들어가는 건축물을 통해 '일상의 탈피'를 경험한다는 것은 좀처럼 마주치기 드문 일이다. 우리 주변에 수많은 건축물들이 산재해 있고, 모두 다 나름 건축가의 창의적 의지를 담아 기능 구현을 위해 고민된 결과라 하더라도 뚜렷이 정해져 있는 규범과 규정들, 익숙함과 습관, 그리고 이미 검증된 계획적 방식들로부터 한 걸음 벗어나 있기 힘든 것이다. 그것이 세금으로 지어지는 공공 건축의 경우 더욱 그럴 수밖에 없다. 하지만 건축가가 주어진 기능을 짜 맞추는 본격적인 건축설계 업무에 들어가기 이전에 뚜렷한 건축적 철학을 바탕으로 도시, 건축, 사회에 대한 관점과 적당해 보이는 건축물 이상의 목표를 노련한 눈으로 바라보고 있었다면 이야기는 달라진다. 지루한 일상에서의 삶으로부터 건축이 안겨줄 수 있는 창의적인 발견, 무한히 탐구하고 싶은 공간과 도시경관의 재발견을 통해 방문하는 그 누구든 재충전이 가능한 건축물이 가능해진다. 성동문화복지센터는 현대 도시에서 어렵지 않게 발견되는 흔한 성격의 공공시설임에도 불구하고 지금의 도시 전반과 앞으로 가야 할 방향, 대지가 처해 있는 특성 및 진행 중인 주변 환경 변화, 그리고 공공을 위한 시설로써 수행해야 하는 기능의 상징성 등을 지면으로부터 위로 팽창시키는 '단면계획'의 창의력으로 보여주고 있다.

도심 속 '문화복지시설'을 머릿속에 떠올리면 그것은 곧 다층 구조의 건축물로서 분리되어야 하는 여러 기능들이 서로 간섭되지 않고 구분되어 있고 그에 필요한 동선 계획만 갖고 있으면 된다. 특히, 요구되는 여러 기능과 프로그램을 구별하여 수용하기 위해서 가장 편리하고 검증된 구성 방식은 여러 층으로 구성된 건축물이라는 주어진 특성 때문에 주요 기능들을 손쉽게 층별로 나누어 지정하고 공통으로 사용될 효율적인 수직 이동 동선(흔히들 '코어'로 불리는)을 구성하면 끝나는 일이다. 즉, 이것은 도심 속에 우리가 가장 흔하게 발견할 수 있는 건축물의 계획 방식으로서, 평면구성의 수직적 반복에 의해 '층'을 이루는 건물이 되는 것이다. 여기에 아마도 차이점을 만드는 것을 들자면 '문화복지시설'이라는 이유로 층고가 유난히 높고 큰 공간이라 볼 수 있는 '강당'의 매스(mass)가 어딘가에 놓여 있는 것이 나름의 특징이 될 터인데, 이것을 흔히 건물의 지상층이나 지하 또는 최상층에 배치하게 된다. 그것은 계획의 편리성과 효율 때문으로서, 지상이나 지하층에 배치되는 이유는 다른 모든 기능들은 층으로 구분하기 쉬운 반복 되는 공간이므로 이질적인 것을 우선 진입부에서 해결하고 나머지를 층으로 채우는 것이 간단하다고 보거나, 또는 강당이 필요로 하는 대기 공간 등의 기능을 건물 로비 영역과 함께 구성하는 것이 쉽고 자연스럽기 때문이다. 이것이 아닌 건물 최상층에 흔히 강당을 배치하기도 하는데, 그 이유는 계획의 용이성과 더불어 무주(無株) 공간이 요구되는 강당의 특성상 강당 위로 추가될 공간이 없게 함으로써 구조상의 계획과 부담을 최소화하기 위함이다.

성동문화복지센터는 흔히 상상되는 계획상의 접근방식에서 과감히 벗어나 방문객들에게 '일상의 탈피'를 유도하는 파격을 안겨주고 있고 나아가 도시의 다른 가능성을 파헤친다. 우선, 시설 기능의 특성상 효율만을 내세운 건축 공간 계획이 아닌 경험자 중심의 풍성한 체험을 베풀게 고안되어 있는데, 이것은 건축가가 바라보는 도시와 건축의 새로운 개념을 설명하는 '클립시티' 개념에 기반을 둔다. 도시의 복합적 구성요소들이 기존의 위계에 의존하지 않고 무한한 가능성을 두고 상호 간에 연계되어 발견되는데, 이 연속선 상의 흐름이 바로 건축의 '단면계획'으로 형상화된 것을 나타낸다.

우선 길거리에서 발견되는 겉모습은 다채롭고 역동적인데, 복잡하게 얽혀 있는 사선의 구조와 형상이 방문자에게 파격적인 도시경관의 신선함으로 도심 일상 속에서 다가오고 하고, 그 사선(계단)을 따라 자연스럽게 걸어 오르며 방문객 스스로 그 일부가 되게 한다. 역동적이고 다양한 경로의 외부 계단들과 동선 구성은 방문객들에게 강한 탐구의 의지를 부여하는 동시에, 바로 시설의 가장 핵심 기능인 도서관, 다목적 공간 및 공연장으로 연결시켜 준다. 처음 외관에서 발견한 자극적인 사선의 형상들은 단순 형체만이 아닌 실제 체험할 수 있는 주요 기능 공간으로, 서로 연계해 주는 짜임새 있는 '기능' 임을 깨닫게 된다. 방문객들은 그 체험 속에서 일상에서 한 번도 경험하지 못한 성수동 주변 도시 맥락으로 펼쳐지는 새로운 경관을 발견하도록 해준다.

성동문화복지센터 단면 계획상의 가장 큰 특색은 높고 큰 규모의 공연장 매스를 건물 전체 단면의 중앙에 배치한 점이다. 지상으로부터 건물을 오르는 외부 계단은 사실상 공연장 매스를 감싸고 있을 뿐 아니라 동선상 자연스레 연결되는 커뮤니티 라운지, 도서관 공간 경험 등 유기적으로 연동되고 있다. 특히, 이 건물은 이러한 동선상의 연계 공간에 특별한 건축적 시도가 깔려 있는데, 공간을 감싼 외부 동선과 그 경로에 접속되는 여러 실내 공간들, 그리고 내·외부 공간 간의 경계가 혼합되어 존재하고 이것은 곧 바로 건축가가 프로그램 서로 간의 상호 발견과 의도치 않은 접촉을 유도한다. 뿐만 아니라 커뮤니티 라이브러리 장소는 열린 도서관을 지향하고 탐구욕을 자극하도록 단면적으로는 평평하지 않고 넓게 트인 기울어진 공간으로 구성되는데, 이것은 정주 공간과 이동 공간의 중간적인 성격으로서 역동적인 동시에 머물며 책을 읽거나 이동하며 사색을 즐기는 양면성을 준다. 엄밀히 말하자면 이것은 우리가 처음 경험하는 장소로서, 결국 경험자는 건물이 제공하는 새로운 '기능 및 프로그램' 속에 놓이게 되는 것이다. 가는 곳곳마다 발견되는 새로운 유희의 즐거움, 좁고 작은 산책로를 따라 올라가 머물거나, 다시 밖을 내다보고 자신과 도시를 연결짓는다. 우리의 고정관념으로 볼 때 가장 분리되어 고립된 특성을 갖는 '공연장' 조차 커뮤니티 라이브러리로 연결되는 연속 선상에 존재하기를 건축가는 기대했고, 많은 현실적 제약 속에서도 역동적으로 실현시켰다. 이렇듯 가장 많은 방문객들을 맞이하는 핵심 기능을 건물 전체 단면 중앙에 놓이게 하면서, 외관에서 봤던 사선 모티브가 실제 장소와 동선에 그대로 녹아 있음을 깨닫게 한다. 건축가가 시작 단계에서 꿈꿨던 '버티컬 스트리트'를 떠올리게 하는 것이다.

건축가의 파격적 철학에서 태어난 성동복지문화센터 계획은 일상에 젖은 주민과 방문객들에게 지나치게 이질적이지 않으면서도 참신한 이벤트와 그동안 존재하지 않았던 새로운 프로그램들의 제안을 통해 자연스럽게 앞으로의 이 지역 도시 개발의 촉매제 역할을 기대하게 하며, 나아가 공공 건축의 새로운 역할까지 꿈꾸게 한다. 기존 틀에서 벗어날 수 있었던 이 시설의 핵심은 바로 역동적인 단면 계획과 '거미줄 구조'를 연상케 하는 체험적인 동선 구성을 단면상에서 공간과 함께 구상한 결과다. 건물을 보면 자연스럽게 떠올리게 되는 이 '거미줄 구조'는 건축가가 갖고 있는 '도시'에 대한 비전인 '클립시티'의 형상화 방식이었고, 성동복지문화센터의 단면/입면 계획상에 그대로 반영되어 나타난 흥미로운 사례이다.

LANDSCAPE

에코프레임

Floating Landscape

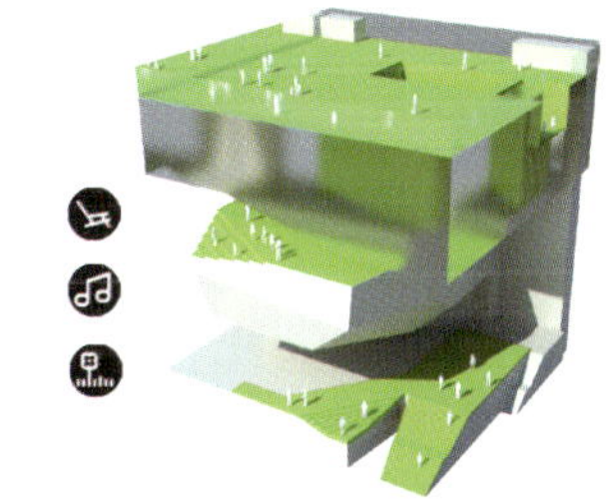

Energy Skin

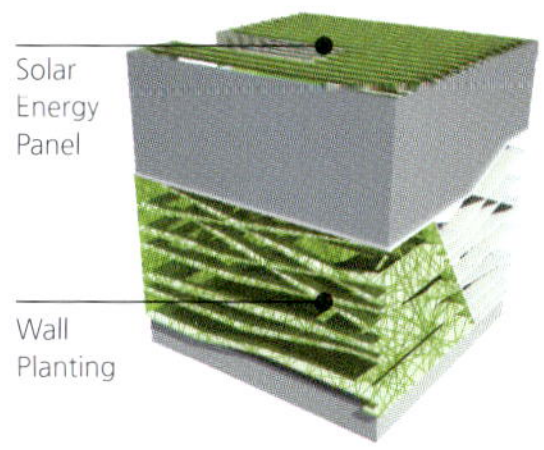

Sustainable Program

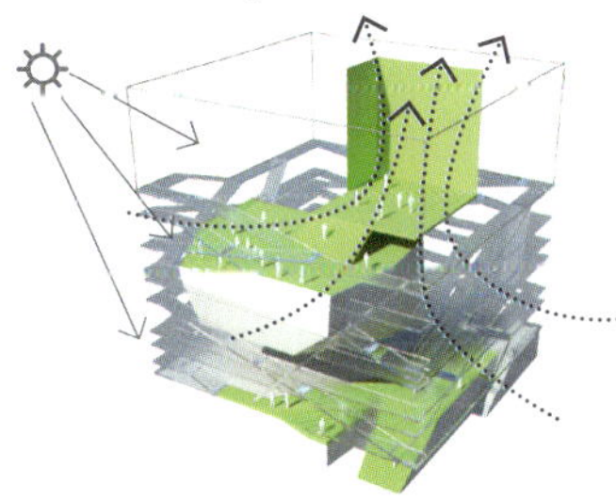

ECOMAGINATION

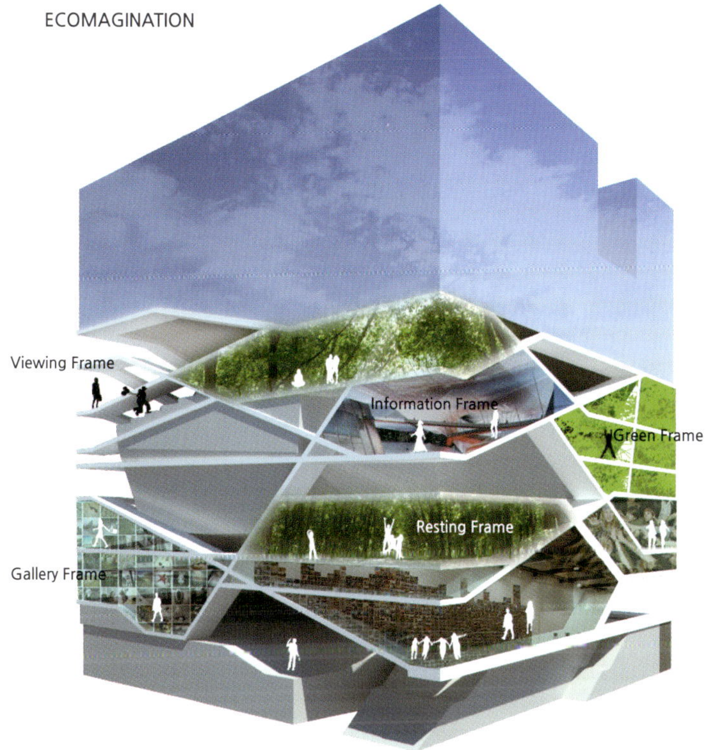

통상적으로 건축의 조경은 건물 주변에 남겨진 대지에 자투리처럼 생성하는 것이 일반적인 상식이다. 이번 성동문화복지센터를 통하여 조경의 개념을 건축적 길과 연계하여 생성하도록 계획하였다. 이는 도시의 입체적인 길을 따라서 생성되는 각기 다른 에코프레임을 조경으로 채워내는 방식을 설계한다. 그라운드 레벨에서 연속되는 외부공간의 수평적 수직적 이동을 위한 프레임 자체가 에코프레임이 되도록 사용하며, 이것은 일반적인 조경 개념이 아니라 입면 자체가 조경의 요소로 작용할 수 있도록 제안한다. 프레임들은 필요에 따라서 흙으로 채워진 화분과 같은 디테일을 가지며 그 흙의 프레임 안에서 자연스럽게 식물이 자라나고 사라지는 현상을 유도해 내었다. 흙의 프레임과 함께 담쟁이와 같은 식물이 자라날 수 있도록 메시를 함께 사용하여 프레임 자체가 식물로 맵핑되는 파사드의 변화를 이끌어 낸다.
옥상 공간을 이용하여 일상의 정원을 조성하였다. 텃밭과 태양광 패널 하부공간을 최대한 활용하여 시민에게 열려진 조경을 제공하였다.

성동문화복지센터에서 수직으로 확장되며 건축과 통합되어 흥미로운 입면을 형성하고 있는 도시의 루트는 이 길을 따라 전개되는 다양한 외부공간의 구성 및 흐름의 틀로 작동한다. 섬세히 조닝된 각 층의 기능과 프로그램, 그리고 이러한 기능과 프로그램을 담은 대공간의 매스를 상호 연결하며 감싸는 새로운 가로 체계로서의 길은 순환적인 산책로인 동시에, 복합적이고 다양한 이벤트를 수용하는 도시 광장이자 무대에 상응하는 건축적 장치로서의 외부공간을 형성한다. 지층 레벨에서부터 연속되는 산책로이자 외부공간으로서의 보이드는 깊은 입면을 만들어내고, 보이드를 가로지르는 수평, 수직의 통로와 구조체에 의해 구획되는 일련의 프레임들은 파사드에 리듬과 역동감을 부여한다. 건축가는 이러한 입면의 요소들을 '에코 프레임'이라 명명하고, 도시로부터 연장된 건축적 산책로를 따라 조우할 수 있는 다양한 자연의 모습들이 성동문화복지센터 건축의 외부공간으로 구현되기를 희망했다. 즉 각기 다른 조경의 방식으로 에코 프레임을 채워나가는 디자인 접근을 통해 도시 속의 녹지와 공원, 조망점 등에서의 공간적 경험을 입체화된 산책로의 외부공간을 따라 제공함과 동시에 조경에 의해 시간과 계절에 따라 끊임없이 변화하는 파사드의 효과를 얻고자 한 것이다. 이를 위해 식생에 따라 건축의 입면과 조경이 통합되는 다양한 방식을 고안하고, 각각의 에코 프레임에 적합한 디테일을 제안하였다. 식재를 위해 흙이 채워진 화분과 같은 플랜트 박스로서의 입면과 담쟁이 넝쿨 등의 식물이 자라며 프레임을 채워나갈 수 있도록 메쉬를 함께 적용함으로써 건축의 입면 자체가 조경이자 자연의 요소로 통합되어 외부공간과 함께 작동하도록 한 것이다. 그러나 2013년 준공 당시 겨울이라는 시기적 문제로 인해 현상설계 단계에서 건축가가 의도했던 에코 프레임의 랜드스케이프 개념과 전략, 즉 도시의 길이 연장된 외부공간으로서의 공공적 산책로를 따라 파사드와 통합되는 조경 및 이를 통한 그린 파사드의 입면 효과가 끝내 실현되지 못한 것은, 상층부 도서관의 주요 외부공간이었던 중정이 요구되는 면적의 증가로 실시설계 단계에서 삭제될 수밖에 없었던 것과 마찬가지로, 큰 아쉬움으로 남는다.

건축적 산책로를 따라 전개되는 외부공간의 흐름, 즉 에코 프레임은옥상에 마련된 일상의 정원에서 정점에 이른다. 공공 건축의 열린 공원으로서 성동문화복지센터의 사용자와 시민들이 자유롭게 이용할 수 있는 이 옥상정원은 텃밭, 산책, 휴식, 조망 및 사회적 접촉 등을 위한 광장으로 활용되며 준공 후 여러 해가 흐른 현재까지 꾸준히 사랑받고 있는 장소이다. 결국, 도시의 길을 확장하여 건축으로 연결시킨 이 프로젝트에서 그 루트를 따라 전개된 외부공간의 흐름과 함께한 조경의 여정이 이곳 옥상정원에서 완성되고 있는 것이다. 그런데 우리에게 너무도 익숙하기에 진부할 수도 있는 옥상정원의 형태는 이 프로젝트에서 다각적으로 재해석된 조경을 통해 새로운 의미와 역할을 부여받고, 나아가 건축을 도시와 다시 연결시키는 도구로 작동한다. 자칫 삭막해 보일 수 있는 공공 건축 옥상의 태양광 패널 구조물과 그 하부공간을 뜨거운 태양과 비를 피할 수 있는 장소로 변화시킴과 동시에, 정원의 일부로 적극적으로 포함시키면서도 세심하게 디자인된 조경은 이처럼 중요한 역할을 하고 있다. 도시와 단절된 채로 근대의 이념에 의해 관습처럼 생성되어 온 기존의 여느 공공건축물 옥상정원과는 다르게, 다층적이고 입체적인 도시의 길과 네트워크에 의해 촘촘히 연결되고 있는 성동문화복지센터의 에코 프레임은 다시 주변의 경관 너머 멀리 서울숲으로의 조망을 통해 도시로 연결되어 확장되고 있다. 그것은 곧 건축이 도시와 유리되어 도시 네트워크의 말단에 존재하며 단속적으로 경험되는 실체가 아니라, 그 자체로 복합적인 도시 구조의 일부이자 거대한 순환적 도시 네트워크의 연결체가 되어야 한다는 건축가의 주요 개념과도 맞닿아 있다.

MATERIAL

콘트라스트적 변주들

입면의 주재료는 알루미늄과 유리이다. 단순한 재료를 통일성 있게 사용하여 이질적인 선과 면, 매스들의 결합은 서로 다른 재료로 계획하지 않고 같은 재료 속에서 계획하였다. 수평과 수직, 사선의 다양한 선들은 프로그램의 성격과 위치에 따라서 크기와 폭과 깊이를 달리한다. - 프레임의 사이즈는 가장 큰 것은 (폭 700 X 깊이 1,900)이며, 내 외부를 관통하는 사선의 프레임은 「외부 ; 폭 500 X 깊이 1,450, 내부 ; 폭 500 X 깊이 750」으로 유리벽 중간을 관통하고, 또한「폭 500 X 깊이 1,900」등의 다양한 프레임 사이즈와 깊이를 계획하였다. - 이는 서로 간의 밀도와 비례를 통해 강조와 대비, 변화감의 조화 속에서 새로운 형태의 스킨과 볼륨감을 만들어내었다. 흰색 알루미늄 프레임은 빛을 받게 되는 깊이에 따른 콘트라스를 극명하게 반응하는 음형의 변화와 부정형 입면의 다양한 변주들을 통해 새로운 도시성의 문화적 입면을 창조한다.

입면은 단순히 한 방향의 평면적 구성이 아니라 네 면을 복합적으로 디자인하였다. 도시의 가로길, 성수 풍경의 길, 자연의 길을 은유하며 서로의 경계를 복합적이고 연속적으로 디자인하여 입체적이고 다이내믹한 입면을 제안한다. 이는 다양한 깊이를 가지고 프로그램을 내포하며 친환경적 일사량의 조율에도 기능을 부여한다.

▽ 동일 재료에 의한 다양한 입면 구성(강조와 대비), 변화감을 위한 디자인 제안

정면 입면 형상

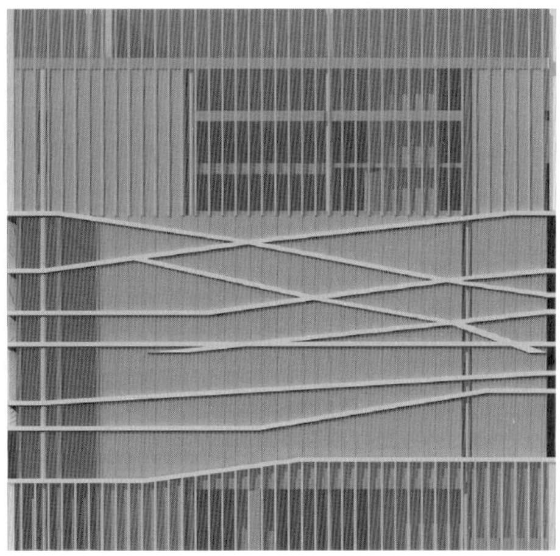

배면 입면 형상

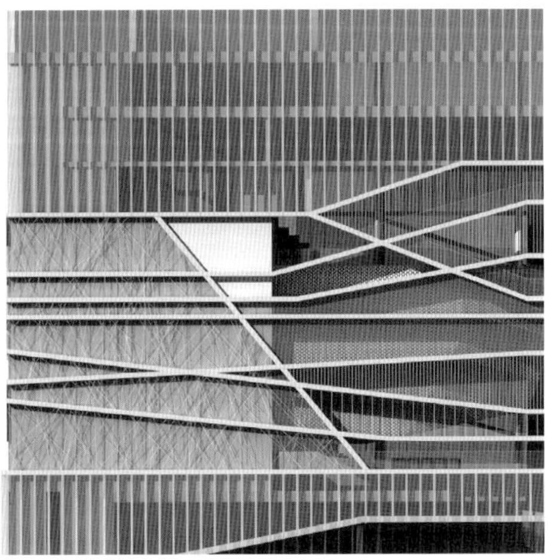

좌측 입면 형상

우측 입면 형상

이재훈

저층부 공연장을 감싸고 있는 유공 패널과 고층부 커튼월의 대조적 모습

오랜 시기 동안 많은 건축물들은 사실 재료에 의해 완성되었다고 해도 과언이 아닐 정도로 재료는 건물의 모든 것을 설명할 수 있는 언어였다. 그러나 근대 이후로 콘크리트와 철골이라는 새로운 구조 재료와 유리와 금속 패널이라는 마감재료가 보편화되면서, 오늘날 도시 속의 대형 건축물들은 사실상 재료 사용에 있어서 차별화가 보이지 않는다.

근래의 현대 건축물들과 마찬가지로 성동문화복지센터도 재료의 성실 표현을 통해 건축적 주장을 하고 있는 구조물이 아니며, 일반적으로 사용되는 재료를 범용적으로 활용하고 타 재료와 병행 사용함으로써, 사람들에게 친숙함과 새로움을 부여하고 있는 모습이다.

건축적으로 볼 때, 성동문화복지센터는 프로그램과 도시 기능의 복잡성을 형태적으로 또 기능적으로 엮어낸 프로젝트로서, 저층부의 기둥 구조를 노출 이미지로 마감한 부위와 상층부의 매스 전체를 외피로 감싼 두 부분으로 대조적 외관을 형성하고 있는데, 이 또한 도시적 맥락에서의 컨셉적인 형태 표현의 도구이고, 건물에서의 재료는 기둥이나 매스 구조를 피복으로 가리는 역할에 머물고 있다. 다만 특이함이 없는 유리나 알루미늄 패널의 재료를 사용하면서 나름대로의 독자적 아이덴티티를 확보하기 위하여 유공 패널을 사용함으로써 질감 차이를 드러내려 하였고, 색상으로 건물의 일체적 정체성을 강조하였다.

· 자유로운 마을문고 분위기를 풍기는 마루바닥과 유공 패널 천장

건물 내부의 재료로는 도서관에는 색상을 가진 페인트 벽체와 카펫타일을, 복지공간에는 나무 패널을, 책마루에는 마루바닥과 유공 패널 천장을 그리고 공연장에는 유공 철판을 사용함으로써 각 부분의 기능에 적합하고 각각의 공간 분위기에 어울리는 재료를 다양하게 이용하였다.

성수동은 빨간 벽돌로 지어진 저층 다가구주택과 콘크리트의 저층 연립주택이 보여주고 있는 과거의 모습과, 대로변을 중심으로 고층아파트와 커튼월의 오피스 건물이라는 미래의 이미지가 대조되는 형상을 보이고 있고, 성동문화복지센터는 하나의 심플한 재료에 의한 강력한 이미지를 구축한다기보다 역할에 맞는 다양한 재료들을 사용함으로써, 기능에 충실하고 편안한 분위기를 연출하면서 오히려 주변의 다양한 모습이 건물 내외부 재료의 디양성으로 이어지게 하여 건물 내외부가 상호 연결되는 조화로운 효과를 얻었다고 봐야 할 것이다.

▽ 성동문화복지센터 주위의 저층 다가구주택의 모습과 새롭게 지어지고 있는 대로변의 고층빌딩

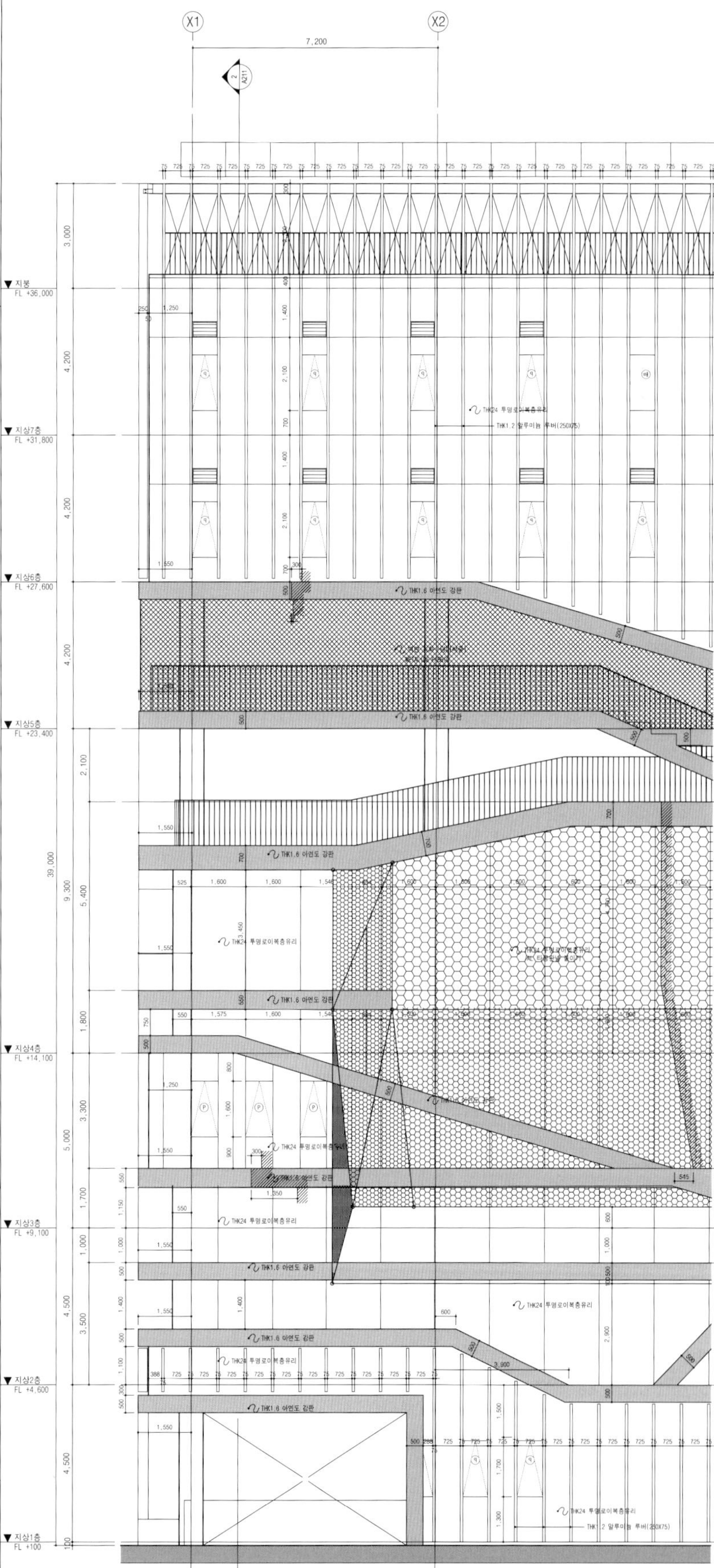

① 외벽입면상세도-1(정면)

A1:1/60, A3:1/120

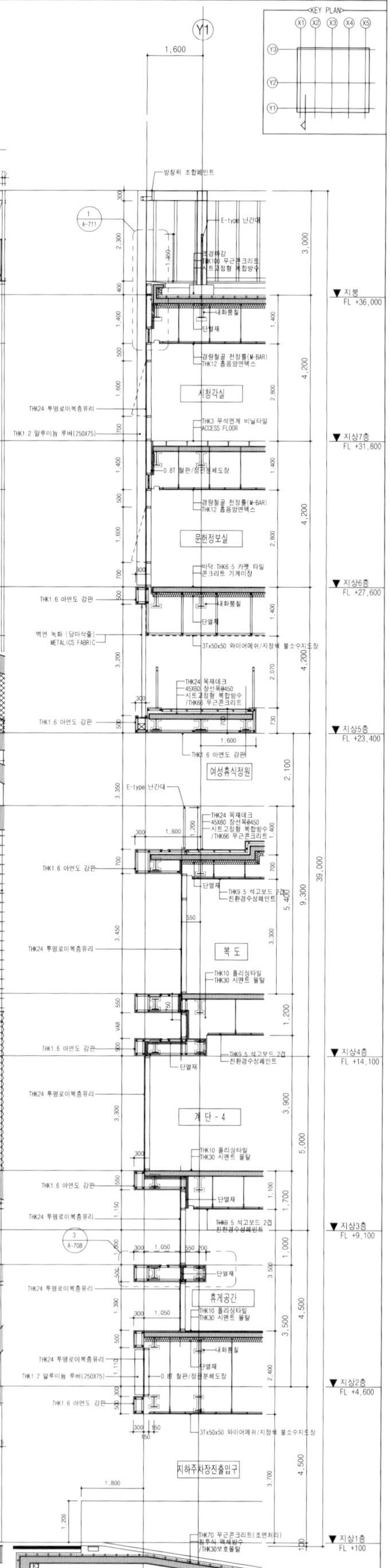

② 외벽단면상세도-1(정면)

A1:1/60, A3:1/120

UNSANGDONG Architects Cooperation

PROJECT TITLE 성동문화예술회관 신축공사

DRAWING TITLE 외벽입면, 단면상세도-1(정면)

DATE 2010. 03.

SCALE A1:1/60, A3:1/120

DRAWING NO. A-211

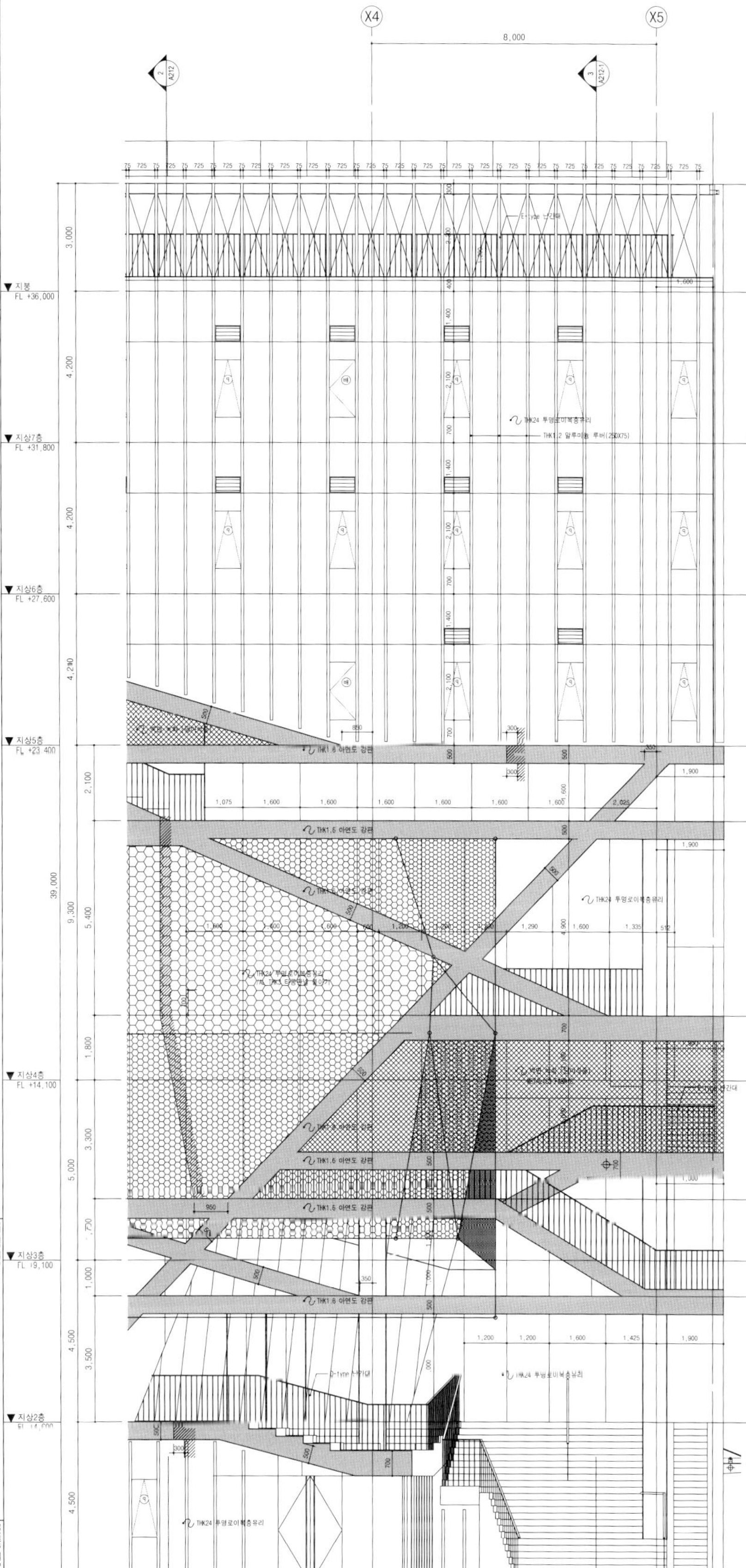

① 외벽입면상세도-2(정면)

A1:1/60, A3:1/120

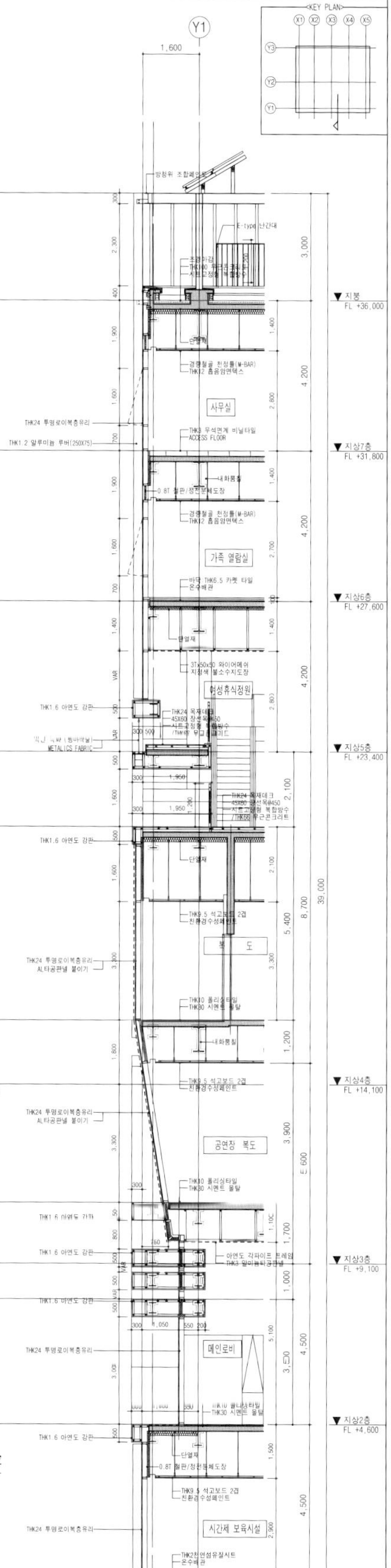

② 외벽단면상세도-2(정면)

A1:1/60, A3:1/120

CONSULTANT

UNSANGDONG Architects Cooperation

PROJECT TITLE: 성동문화예술회관 신축공사

DRAWING TITLE: 외벽입, 단면상세도-2(정면)

DATE: 2010. 03.

SCALE: A1:1/60, A3:1/120

DRAWING NO.: A-212

DETAIL

프로그램 스킨 스케이프

복합문화공간이 수용해야 하는 프로그램들의 속성을 매스와 입면으로 자연스럽게 치환하며 서로 간의 융복합적 입면을 제안한다. 프로그램 입면의 중심에는 수평선, 사선과 매스를 조합한 형태로 성수동의 장소성과 프로그램 역동성의 결합을 담는 성수동의 새로운 풍경을 연출한다.

저층부는 사람의 이동과 골목길이 만나는 길의 연속선상에서 자연스럽게 계단으로 연결된다. 중층부는 공연장의 다각형 알루미늄 펀칭 메탈 매스(더블스킨으로 내부는 24mm 로이복층이며 외부에 개구율 30%의 펀칭 알루미늄 패널을 이중으로 마감하였다)를 사선과 수평의 프레임 사이에 이질적이면서 상징적으로 계획하여 떠있는 공연장으로써의 문화적 아이콘이 된다. 저층부터 중층까지 연계되는 선들의 조합은 자연의 프레임이면서 내외부적 공간적 프레임이며 공연장으로 연결되는 외부 계단 동선이자 휴식의 테라스이다. 프레임으로 둘러싼 반 외부적 공간은 건축과 도시가 만나는 완충적 영역으로 새로운 상상의 문화적 보이드이다. 프레임은 서울숲과 지역의 풍경을 받아들이고 조율하는 차경의 풍경 프레임이다. 프레임들 사이사이에는 와이어메시(3T×50×50 Wire Mesh 위 Green Wall Ivy)를 설치하여 벽면녹화 자연의 월을 계획하였다. 상층부는 도서관 영역으로 심플한 매스에 가장 기본적인 수직 루버를 통해 매스 감을 최대한 나타내면서 하부의 복잡하고 다이내믹한 공연의 프레임과 대조적인 심플한 입면을 표출하였다.

다양한 스펙트럼 문화공간

외부는 단일 색의 흰색 알루미늄이지만 내부는 자연소재와 컬러 소재를 이용하여 장소의 성격을 최대한 반영하는 인상을 주려 했다.

로비와 공용 부분에는 자작나무, 알루미늄 펀칭 메탈 천장, 밝은 폴리싱타일을 이용하여 자연채광을 최대한 받아들이면서 쾌적하고 밝은 정취의 공용공간을 설계하였다. 공연장 공용장소에는 푸른 코발트 월과 펀칭 메탈 월을 사용하여 공연장 분위기를 풍부한 색감과 자연채광이 어울리는 장소로 유도하였다. 공연장 내부는 외부에 표현하고 있는 다이나믹한 매스 질감을 살려 그곳에서 음악과 공연의 향연을 즐기도록 목재 삼각형의 다이나믹한 패턴의 조합을 통해 음향적 효율성과 드라마틱한 느낌을 복합적으로 연출하고자 하였다.

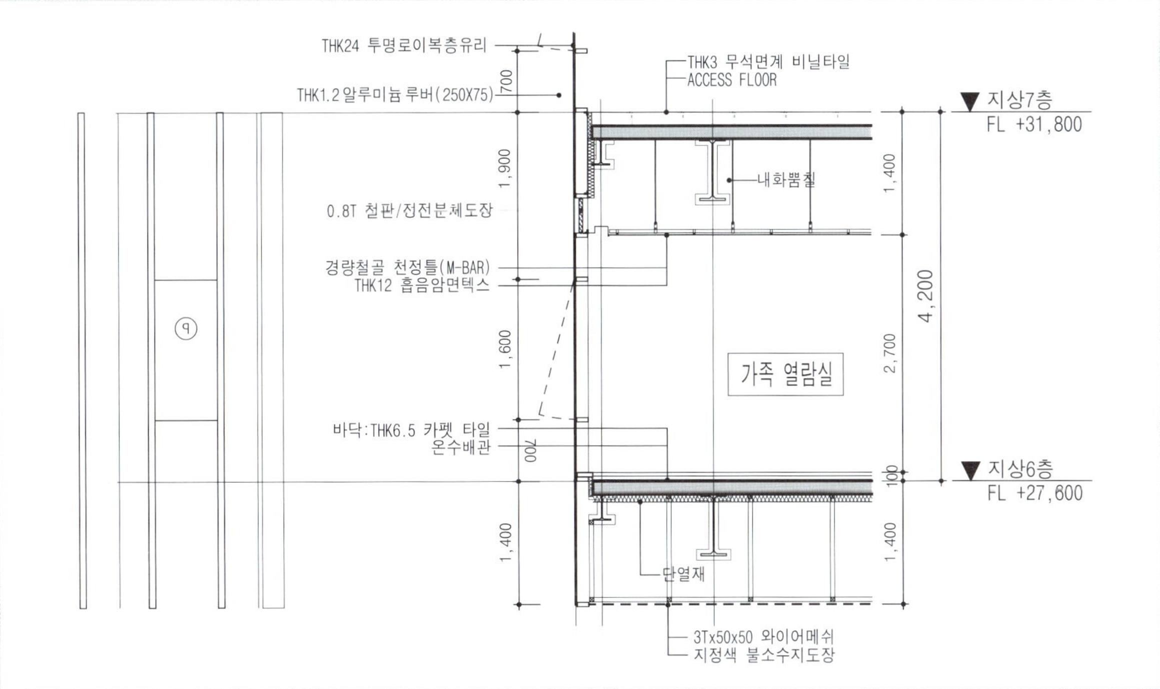

외벽 / 커튼월

사무실들이 입주하는 지상 5~7층의 외벽은 커튼월로 마감하였다. 75mm 두께의 알루미늄 루버를 725mm 간격으로 설치하여 투명 로이 복층유리로 마감하였다. 층마다 아래 부분을 바깥으로 밀어 여는 창문을 활용하여 통풍이 용이하도록 설계하였으며, 여닫이창의 형태가 전체적인 파사드의 리듬을 해치지 않는 상태에서 자연스럽게 그 기능을 하고 있다. 알루미늄 루버는 각 층의 데크에 연결되어 있고, 데크와 루버가 만나는 사이사이에 단열재를 두어 결루가 생길 수 있는 가능성을 차단하려 하였다.

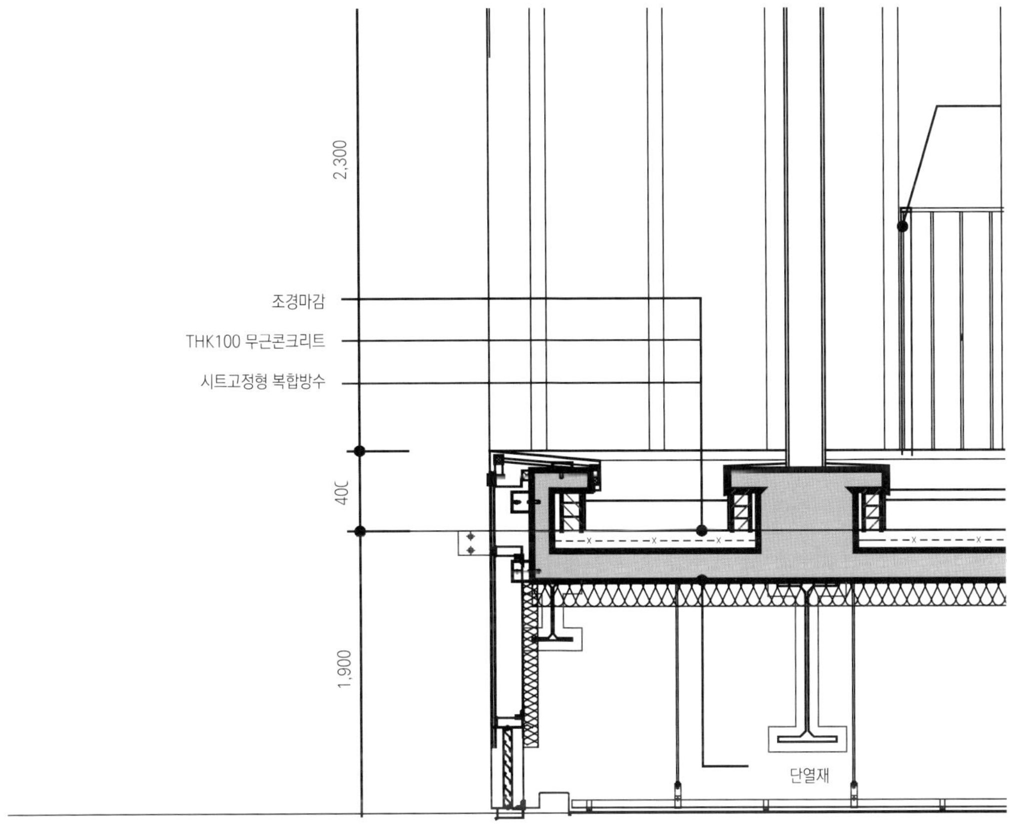

지붕

옥상 마감은 녹색 지붕으로 마감하였으며 태양광 패널 설치를 미리 계획하여 태양광 패널 철골구조물을 고정하기 위한 조치를 바닥 마감과 함께 무근 콘크리트로 구조물을 대비하였다. 옥상 데크는 기본적으로 데크 아래 부분에 단열재를 설치하여 내단열로 하였으며 외벽 마감재까지 단열재를 연설시켜 결로방지를 위해 노력한 부분이 돋보인다.

옥상 외부 조경은 철근콘크리트 바닥 위에 100mm 두께의 무근 콘크리트를 타설하여 평탄화와 배수를 위한 경사를 만들었으며, 그 위에 시트고정형 복합방수를 하여 방수층 위에 녹지가 조성될 수 있도록 하였다. 그 위에 경량토를 깔아 잔디와 작은 나무가 자랄 수 있게 하였으며 잔디 이외 부분은 벽돌이나 목재로 시공하였는데, 옥상의 부분 활용에 따라 그 마감을 달리하여 혹시 생길 수 있는 물 넘침을 대비, 패러핏을 400mm 높이로 설치한 후 그 위에 난간대를 설치하여 옥상의 배수가 잘 이루어질 수 있도록 배려하였다.

계단 / 외부계단

외부계단은 기본적으로 타일로 마감하였으며 입구 쪽의 목재 마감 계단과 더불어 자주 보인다. 상부 목제 데크는 철근콘크리트 바닥에 무근 콘크리트로 높이를 맞추고 시트고정형 복합방수를 설치한 후 장선목을 깔고 목재데크를 고정하는 방법을 선택하였다. 아연도강판이 주는 차가운 느낌을 목재데크로 완화하려 하였으며 당 마삭줄에 연결되어 만들어질 벽면녹화와 함께 목제 데크가 그 역할을 수행할 수 있으리라 보인다.

계단은 아연도강판으로 옆면이 0.8mm 철판으로 마감된 철제 계단인데, 계단과 챌판은 자기질 타일로 마감되어 유사한 색채의 느낌을 주고 있다.

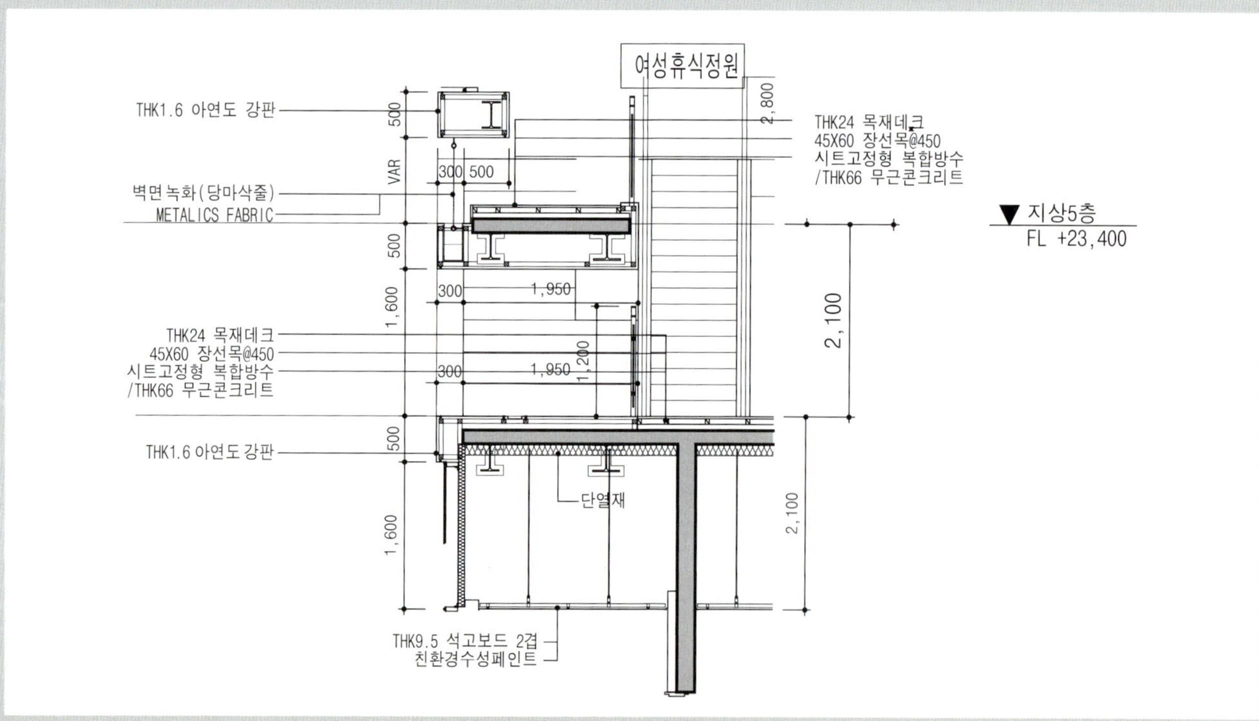

타공 패널 마감

본 건물의 특징은 4층까지의 외부와 내부의 벽면을 다양한 타공 패널로 마감하여 외부이지만 보호받는 인상과, 다양한 외부 마감재로 그 형태를 실루엣처럼 보이게 한다는 것이다. 내부에 투명 로이 복층유리를 설치하고 동시에 바깥쪽에 알루미늄 타공 패널을 다양한 크기로 붙여 외부이면서 내부공간을 연출하고 있다. 타공 패널은 기둥과 보 등 구조물을 감싸고 있는 아연도강판과 함께 닫힌 부분과 열린 부분을 연결하며 재료의 연속성을 자연스럽게 유도하고 있으며, 외벽으로의 기능을 다하고 있다.

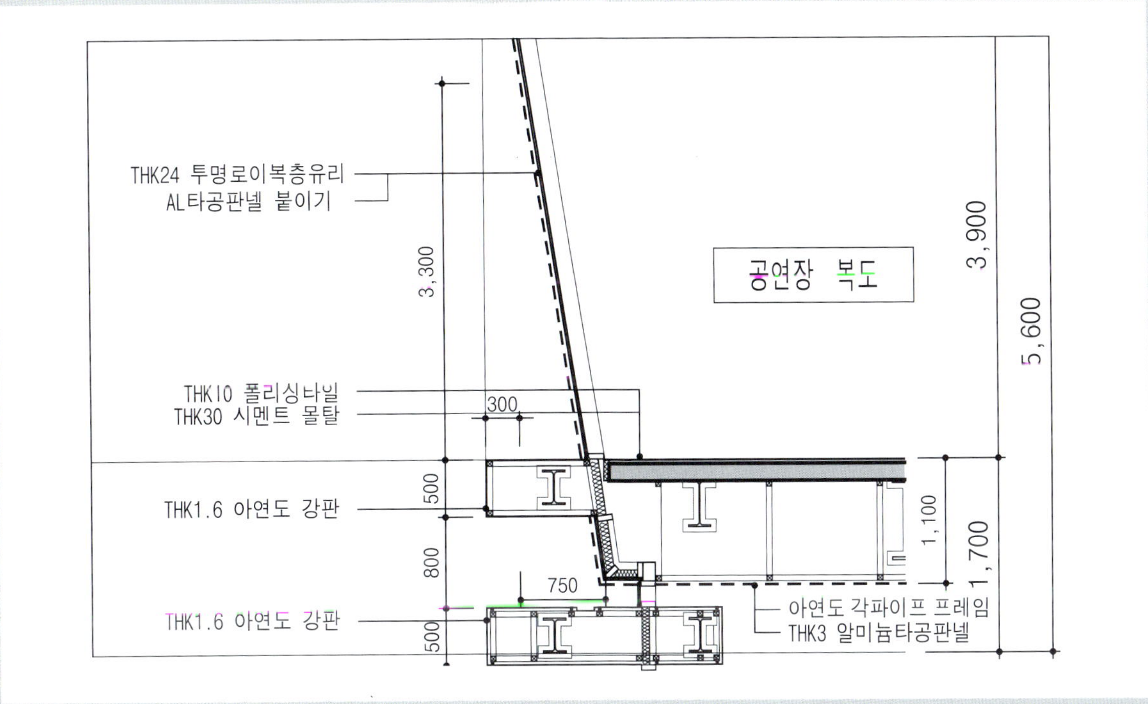

EPILOGUE

상상력 사전 만들기 | 장윤규

가벼운 구름은 마음의 그림자를 만들지 못한다.
깊이에 대한 탐색은 어디에 있는가
나는 너무나 가볍다.

비가 거꾸로 흐른다.
구름을 생성하여 만들어내는 태초의 향연
모든 기억을 거슬러 원초의 중심에 나는 서있다.

구름위를 거닌다.
확신과 불확실함의 경계
모든 것은 명료하지 않은 나의 정신의 반영이다.

구름속에서 소리를 찾는다.
돌아오지 않는 메아리
구름은 안개와도 같다.
찾을 수 없는 존재의 혼돈과도 같이

더 이상 구름은 존재하지 않는다.
심연으로 도달할 수 없는 공기가 되었다.
모든 것을 지워낸 정적이 호흡이 되었다.

건축가에게 과연 영감이란 존재하는가. 젊은 시절 스스로에게 던졌던 질문이 새삼스럽게 되돌아왔다. 과연 나에게 건축적 영감이란 중요한 것인가. 나는 다시 묻는다.

건축적 영감이라는 단어는 과거의 건축을 시작했던 때를 거슬러 지금의 건축적 행위를 관통하며 항상 고민했던 나의 건축의 흔적을 되돌아보게 하는 계기가 되었다. 나는 어떤 건축을 하고 싶고, 나는 어떤 건축의 프로세스와 내용을 꿈꾸는지 가장 원초적인 질문의 단계로 회귀되었다. 나의 건축의 원동력을 몇 가지 단어로 응축한다면, 새로움, 신화, 클립시티, 백과사전, 복합체, 반응체, ... 등으로 상상력으로 무장된 최전선의 건축을 만들어내기 위한 많은 노력과 땀이라 스스로 이야기할 수 있다. 근본적으로 나는 새로움을 통해서 건축과 그 외에 함께 관련된 영역의 정의와 통합을 새롭게 만들어내는 계기가 될 수 있다고 믿고 있다. 전통적인 공간의 개념이라든지, 공간을 규정하는 개념적인 부분에서 물리적인 요소까지 전반적인 부분에서의 의문으로 시작하여, 지금까지 존재하지 않았던 다양한 부분의 건축을 발견하기를 원하는 것이다.

신화적 상상

나의 건축적 사고는 신화적인 태도로 시작한다. 이러한 사고의 시작은 항상 새로운 건축을 시도하기 위한 나의 건축적 노력과 맞물려 있다. 나의 건축적 이슈는 건축에 대한 새로운 정의를 성취하기 위한 전제를 담아내기를 추구한다.

오늘날의 신화는 어떠한 의미를 가지는가. 과학적 사고의 출현과 함께 신화는 공중분해 되었고, 다만 그 파편만이 남아 있다. 오늘날에는 무엇보다 과학이 옛날 신화가 다루고 있었던 많은 문제에 답을 부여하는 역할을 맡고 있다. 우리는 결국 신화분산의 시대, 신화해체의 시대에 살고 있다. 나는 과거의 신화를 가져와서 단순히 신화를 복원하려는 것은 아니며, 소설과 같은 이상한 이야기만을 만들려고 하는 것도 아니다. 신화적인 가능성을 통하여 새롭게 재정의할 수 있는 상상적 이야기를 탐구하는데 의미를 찾고 싶다. 신화를 통하여 획득되는 가장 큰 의미는 현대사회의 과학적인 방식을 통하여 도달되지 못하는 상상력을 복원하는데 있다. 신화를 통한 상상력은 과학이 이루어낼 수 없으리라 가정되는 결합과 변위를 제공한다. 이성적인 부분을 포함하며 과학이 이루어낼 수 없는 수많은 상상력을 가동할 필요가 있다. 과학이 도달될 수 없는 문학적이고 영화적인 결합을 우리는 경험하고 있다.

가장 신화적인 새로운 건축을 만들어내기 위해서는 새로운 방법과 사고의 과정에 많은 고민을 가져왔었다. 건축과 예술,... 타 영역 사이에 명확한 경계가 없듯이, 건축적인 작업과 동시에 예술적인 작업에 매달리는 이유가 여기에 있다. 여러 건축적 작업과 다른 예술적 작업을 통해서 공간에 대한 새로운 물음과 경계를 새롭게 정의하기를 원했다. 새롭게 공간을 정의하거나 기존 사고의 틀을 실험적인 코드로 만들려는 시도들이 담겨있다.

꿈꾸는 창고

내가 꿈꾸는 신화는 바르트적 신화의 한부분이라 할 수 있다. 바르트가 이야기하는 무한이 열려진 빠롤과 같이 현재의 사회를 형성하는 모든 요소들이 신화를 만드는 이야기에 포함되어 있다. 모든 단면을 통한 창고처럼 널려진 혼돈스러운 풍경에 끼어있는 운생동을 신화적 공간으로 다시 창조해 내기를 바란다. 아무것도 정돈되지 않는 무한한 혼돈, 마치 쓰레기장과 창고 사이에 존재하는 어수선한 무질서, 이것이 나의 지식과 영감 사이에 존재하는 블랙박스의 원천이다. 나의 창고는 '창고'는 단순히 많은 책을 쌓아 놓은 곳, 혹은 물건을 갖다놓는 공간으로 끝나는 것이 아니다. 창고에는 아이디어적인 모델도 존재하고, 버리지 못하고 박제해 놓은 책들도 꽂혀 있을 것이고, 미술적인 다양한 작가의 작품들, 스스로 작업 중인 가구도 있다. 즉 지금까지 내가 만났던 다양한 파편들을 모아놓은 곳이라고 할 수 있다. 우리가 머릿속을 지식의 창고라는 개념으로 이야기 하듯이, 마찬가지로 나중에 어떻게 쓰일지 모르는 다양한 단면들을 모아다 놓는 것이다. 창조의 순간, 즉 아이디어를 개발할 때 머릿속에 있는 창고의 물건을 끄집어내어 아이디어로 발전시키는 방법을 취한다.

상상력 사전

찾기라는 행위를 통해서 도시를 끝없는 분해와 해석으로 잘게 나누는 범위를 연구한다. 기존의 조건 혹은 환경, 도시 위에 새롭게 부여하는 장치를 구성할 수 있도록 그 기준을 설정하는 것과도 같다. 도시리서치와 분석을 통하여 미래사회에 대한 문화적 예술적 건축적인 예측과 방향을 제시하는 이론서를 구성한다.

이렇게 하여, 나는 거대한 머릿속의 사전을 구축한다. 그리고 건축에 대한 영감은 사전 속에 비축된 일부분을 깨워내면 된다.

Coffee
Tea
CAFE ART
Fruit Juice

성동 문화복지센터

ARCHITECTS INSIGHT

설계 프로세스에서 발견한 건축의 통찰력

엮 음 (사)대한건축학회
발 행 일 2022년 9월 5일
주 저 자 장윤규 대표 (운생동)
공동저자 (가나다 순)
김란수 교수 (명지대학교)
김진욱 교수 (서울과학기술대학교)
박 열 교수 (광운대학교)
박종기 교수 (순천향대학교)
유용현 교수 (울산대학교)
이재훈 교수 (단국대학교)
이준석 교수 (명지대학교)
정재용 교수 (홍익대학교)
주 범 교수 (건국대학교)
사 진 Fernando Guerra
Sergio Pirrone
출판|제작 공간예술사
신 창 근
편집|기획 공간예술사 편집기획팀 (02) 363 1020
전 화 (02) 737 1020
팩 스 (02) 737 1500
주 소 서울시 종로구 사직로 97 MG빌딩 304호
출판등록 제9-315호
홈페이지 www.spacearts.co.kr
이 메 일 spacearts@korea.com
I S B N 978-89-7799-120-0 (93540)

정 가 16,000원

한국건축문화대상 우수상 2013년
서울특별시 건축상 최우수상 2013년

설 계	운생동건축사사무소(주)
위 치	서울시 성동구 성수동1가 656-323
용도지역	준공업지역
주 용 도	문화집회시설, 노유자시설
대지면적	1,714.57㎡
건축면적	1,028.09㎡
연 면 적	9,726.54㎡
건 폐 율	59.97%
용 적 률	371.94%
층 수	지하 3층 / 지상 7층
높 이	28.5m
주 차	지하 총 57대 주차구획 (장애우 주차장 7대 포함)
구 조	철골철근콘크리트조
외부마감	24T복층유리 / 목재수직루
시 공 사	일신건영(주)
건 축 주	서울특별시 성동구청장

*** 주저자-장윤규(Jang Yoon Gyoo ; 張允圭) 프로필**

국민대학교 건축학과 교수
건축가그룹 운생동 대표
갤러리 정미소 대표

서울대학교 건축과 학사 (1987)
서울대학교 대학원 건축과 석사 (1990)

국제건축상 THE PLAN AWARD / Public Space Winner 수상 (2018)
「성동문화복지센터」 서울특별시 건축상 최우수상 수상 (2013)
대한민국 공간디자인대상 대상 수상 (2009)
국제건축상 Architectural Review Commended Award 수상 (2007)

〈주요 작품〉
코오롱 에너지 플러스 그린홈 (2012)
서교동 옐로우스톤 (2011)
「크링」 금호 복합 문화공간 (2008)
예화랑 (2004~2005)